首席釀酒師
探秘葡萄酒

李德美 編著　萬里機構·萬里書店 出版

首席釀酒師探秘葡萄酒

編著
李德美

編輯
阿柿　龍鴻波

封面設計
朱靜

版面設計
萬里機構製作部

出版
萬里機構・萬里書店
香港鰂魚涌英皇道1065號東達中心1305室
電話：2564 7511　傳真：2565 5539
網址：http://www.wanlibk.com

發行
香港聯合書刊物流有限公司
香港新界大埔汀麗路36號中華商務印刷大廈3字樓
電話：2150 2100　傳真：2407 3062
電郵：info@suplogistics.com.hk

承印
美雅印刷製本有限公司

出版日期
二〇一三年八月第一次印刷

本書繁體版由中國輕工業出版社授權出版　版權經理林淑玲 lynn1971@126.com

序言一

Robert Tinlot（羅伯特・丁洛特）
國際葡萄與葡萄酒局（OIV）名譽主席

中國美食文化源遠流長，如今又向葡萄酒文化敞開大門，體現了中國人對和諧的品位及完美生活藝術的執著追求。

20世紀末期，一批年輕人從開放的中國走出去，到國外學習新鮮事物，其中包括葡萄酒。李德美就是這群年輕人中的一位。他來到法國，在酒鄉波爾多找到了自己今後人生的方向，他不僅學習了葡萄種植和釀酒，還全面瞭解了相關的學科，如葡萄酒經濟學、餐酒搭配、葡萄酒品評等。他的足跡遍及了世界主要的葡萄酒產地。如今，他不僅在大學教授葡萄酒課程，還同時為中國和法國的知名葡萄酒雜誌撰寫文章。《首席釀酒師探秘葡萄酒》的出版不僅是他長年知識與經驗的積累，更是他植根於中國與世界的文化底蘊的迸發。

從書名就可以看出，李德美不僅僅希望他的同輩人瞭解葡萄酒的技術層面，更願意讓葡萄酒的作用在現代社會得以發揮。在家庭和朋友聚會時，人們圍坐桌旁，葡萄酒不僅活躍了氣氛，增添了友誼，還讓人在樂享其的同時，從中獲得健康。本書還使我回想起已逐漸被淡忘的重視農藝和社交的年代。

中國葡萄酒的歷史與中華文明一樣悠久，新世紀不僅使酒文化得以復興，釀造技術也得到更新。從業人員通過採用最新的科學方法，與其他產區不斷交流，必將在中國這片豐富多樣的風土上，造就征服全世界味蕾、滿足所有人好奇心的葡萄酒。

我非常高興能夠為李德美的新書作序，預祝此書出版成功！

序言二

莊布忠

亞洲歷史最悠久的葡萄酒雜誌《葡萄酒評論》
（The Wine Review）出版人
中文版《波爾多葡萄酒概覽》雜誌出版人（2000 年創刊）
《Decanter》等期刊專欄作家
創辦「中餐搭配葡萄酒年度研討（ICCCW）」並成功舉辦多次
出版圖書《108 道中餐配酒》

　　十幾年前在葡萄酒之都波爾多與李德美偶然相識，當時他在著名的波爾多國家農業工程師學院學習葡萄栽培與釀酒技術。作為課程的一部分，李德美在著名的帕爾默酒莊（Chateau Palmer）工作，參與釀製 2001 年份酒。

　　如今，李德美已是一名廣受歡迎的釀酒顧問。他對待工作非常認真嚴謹，深諳要釀製真正偉大的葡萄酒，就必須始於葡萄園，而不是後期的過程。因此，他會回避只要求幫忙參與釀酒，而不重視葡萄種植的客戶。

　　除了是一名合格的釀酒師，李德美還撰寫了大量與葡萄酒相關的文章與博客，參加葡萄酒的國際論壇，並參與中國、世界級葡萄酒比賽的評判。因此，在葡萄酒領域，他擁有廣闊的國際視野。

　　在《首席釀酒師探秘葡萄酒》中，李德美以易懂、引人入勝及輕鬆愉悅的方式，探討了葡萄酒問題。他從一名越來越具國際威望優秀釀酒師的角度進行寫作，不斷深入思考中國優秀的傳統文化與葡萄酒文化的碰撞，並屢有獨特心得。

　　李德美不僅擁有波爾多的釀酒專業文憑，還擁有很多寶貴的特質，即與生俱來的好奇心、勤思、敏銳的洞察力以及學者的智慧。同時他深為孕育自己的中華文化而自豪。

　　因此，無論是初涉的葡萄酒愛好者、葡萄酒經銷商、葡萄酒作者、葡萄酒教育者、酒莊莊主，或者如我般只是純粹愛好葡萄酒之人，都將從這本出版物中獲益匪淺。

莊布忠

王延才
中國釀酒工業協會理事長

　　葡萄酒在中國文化中歷史悠久、源遠流長，卻未能持續地發展。在中國躋身於世界第十大葡萄酒生產國、第五大葡萄酒消費國之時，葡萄酒仍然帶有濃重的舶來品色彩。在熟知程度、配餐習慣、文化習俗等方面，葡萄酒與中國傳統文化尚具有一定距離，翻譯舶來、生搬硬套，其結果勢必難以美好，甚至伴以尷尬和不適。要全面地享受葡萄酒，必須具備一定的葡萄酒知識。

　　中文的葡萄酒讀物出版隨葡萄酒市場活躍而掀起熱潮。幾年來，葡萄酒中文書籍數量大增，但其中充斥着大量的雷同內容。葡萄酒被肢解地理解為酒莊、名酒、葡萄品種，缺乏更多的感性、深度和細節。另外，最近幾年進口葡萄酒數量與種類大幅增長，中國消費者面對琳琅滿目的葡萄酒總是一頭霧水，如何識別甄選葡萄酒，也是擺在消費者面前的難題。

　　李德美先生曾在法國專修葡萄酒種植及葡萄酒釀造，浸染於濃郁的葡萄酒文化之鄉多年，此後經常往返於世界各葡萄酒產區，熟悉英文和法文，為《RVF葡萄酒評論》等多家知名行業雜誌撰文，抱着使世界的葡萄酒和中國人直接對話的熱忱理想，十餘年孜孜不輟，始成本書。可以說，本書是引領讀者暢遊葡萄酒世界的指南。

　　讀李德美先生的《首席釀酒師探秘葡萄酒》，你可以感受到作者對葡萄酒事業的熱愛，和身為一個中國人對葡萄酒文化解讀的獨特視角和獨立思辨。相信每一個讀到這本書的人都會收穫精神的愉悅和視覺之美感，並對葡萄酒有更深入、更細膩的理解。

目錄

Chapter 1

葡萄酒通識

流行的就一定正確嗎？

有人說葡萄酒是這樣一個事物，先是作為「世界幾大健康食品」，被崇尚「醫食同源」的人們所推崇——

因為崇尚醫食同源，人們會將那些難以下咽的中草藥放入美食中，更何況此種飲後使人飄然成仙的神奇魔水呢！

葡萄酒是什麼？人們為什麼要瞭解葡萄酒？人們為什麼要喝葡萄酒？

葡萄酒探秘

葡萄酒先是作為「世界幾大健康食品」，被崇尚「醫食同源」的人們所推崇。因為崇尚醫食同源，人們會將那些難以下咽的中草藥放入美食中，更何況這種飲後使人飄然成仙的神奇魔水呢！無論是因為喜歡而發自內心的需要，還是出於「充實」的需求，系統、全面地瞭解葡萄酒，探秘葡萄酒的世界都是無比美妙的。

酒的起源

酒貫穿在人類文明的全過程中。依據進化理論，酒可能是這樣產生的：

在「猿人」以前，猿猴主要生活在樹上，每天吃的果實是抬頭伸手採摘的新鮮果子。後來，從猿被稱為「猿人」開始，先祖經常會從地面撿拾一些落在地上的果實。這些果實或者由於過分成熟而自然脫落，或者由於遭受蟲鳥啄食而受傷脫落，或者被風暴吹落。過分成熟或者受傷的果實天然地發生了奇妙的變化，即發酵。有時水果因在包裝盒內受損並開始腐爛，散發出的酒精氣味就是此類原因造成的。

自那時起，先祖們就開始有意無意地食用「酒」了。在酒的發展歷程中，這種「酒」被稱為「猿酒」。

酒的功能

酒可以調整飲用者的精神狀態，所以酒在人類社會中扮演着不可或缺的角色，並成為社會統治階層、宗教階層用來管理社會、規範人們行為的工具。鼓勵飲酒，或者限制飲酒，都是基於對酒可以調整飲用者的精神狀態此種功能的利用。

世界上沒有哪一個民族，像華人一樣與酒親密地相伴終生。從生至死，在生命的過程中的重要時刻都有酒相伴，出生、滿月、百天、升學、畢業、就業、人際交往、嫁娶、生子、喬遷、辭世……不管你是否親自參與，無論是主動還是被動，酒是人們表達情感最重要的方式之一。

— 專題 1 —
酒、酒精度及酒的分類

● 什麼是酒

含有酒精的飲料 ≠ 酒。

「酒」是含有酒精的飲料，由此可以推論「含有酒精的飲料就是酒」，儘管這種說法合乎語言邏輯。但是，依照這個界定，人們日常飲用的各種液態汁水幾乎都可以被稱為「酒」。比如果汁，可以肯定地說，它含有天然發酵產生的酒精。如果不相信，想想猿人先祖食用的猿酒。再如碳酸飲料，在配製香精與色素時也可能使用了食用酒精作為溶劑。所以，界定是否是酒，除了是否含酒精，肯定還要限定一下酒精含量才可避免混亂。

通常，只有酒精含量超過0.5%的飲料，才能被稱為「酒」。

● 什麼是酒精度

在20℃時，每100毫升酒中所含有的純酒精體積(毫升)，通常用體積分數表示，單位為%，俗稱度。比如：含酒精38%的二鍋頭，指在20℃時，100毫升該二鍋頭酒中含有38毫升的純酒精。

● 酒的分類

在酒的家族中，按照其生產時原、輔料以及工藝的不同，習慣上又將酒分為發酵酒、蒸餾酒和配製酒。

喝無醇酒同樣不能駕車

只要是被稱為「某某酒」的飲料，肯定是含有酒精的，所以當你飲用了「無醇啤酒」(尚且存在這樣稱謂的合法商品)、或者「無醇葡萄酒」(根本就不存在此類名稱的法定產品)，而自以為真的沒有酒精進肚，卻被警察截住時，才明白：喝無醇酒酒後開車，是個掩耳盜鈴的把戲。

● 發酵酒

發酵酒是指原料、輔料經酒精發酵後,將發酵原液經過澄清與穩定處理後獲得的酒,如啤酒、葡萄酒、果酒、黃酒以及清酒,都屬於發酵酒。此類型的酒往往酒精度相對較低,含有相對較多的天然原料成分。

● 蒸餾酒

蒸餾酒是指將發酵後的原酒液經過蒸餾濃縮,再進行特定的風味處理所獲得的酒,比如中國白酒、威士忌、白蘭地、伏特加、龍舌蘭酒、冧酒以及氈酒都屬於這種類型,這種類型的酒往往酒精度數較高。

● 配製酒

配製酒是指利用蒸餾酒或者食用酒精,添加可食用的植物或者動物原料製作而成的酒,比如各種補酒、藥酒以及雞尾酒都屬於這種類型。此類酒往往在色澤、風味或者功效方面獨具特色。

發酵酒	蒸餾酒	配製酒
原料、輔料經酒精發酵後,將發酵原液經過澄清與穩定處理後獲得	將發酵後的原酒液經過蒸餾濃縮,再進行特定的風味處理所獲得	利用蒸餾酒或者食用酒精,添加可食用的植物或者動物原料製作而成
啤酒、葡萄酒、果酒、黃酒以及清酒	中國白酒、威士忌、白蘭地、伏特加、龍舌蘭酒、冧酒、氈酒	各種補酒、藥酒以及雞尾酒
酒精度相對較低,含相對多的天然原料成分	酒精度數較高	色澤、風味或者功效方面獨具特色

葡萄酒是什麼？

尋找選擇飲用葡萄酒的充分理由或許要從葡萄酒的本質屬性開始。

葡萄酒是一種食物(飲品)，一種具有豐富滋味的食物(飲品)，從其產生和幾千年來的傳播來看，人們一直將葡萄酒當成一種食物，一種具備特定作用、功能的食物。

淨化水並為水增添滋味

歷史上，由於不具有今天的技術能力採挖地下水，人們主要飲用地表水。地表水往往會有水鹼等異味，即使沒有異味，白水飲用起來也是寡淡無味的。中國人用茶葉來解決這個難題。歐洲人則找到了葡萄酒來解決問題——臨出遠門需要帶水壺，先裝上半壺水，再加上半壺葡萄酒，就成了旅途中既能解渴、又有滋味的飲品。

提供部分熱量和營養

直到20世紀，人們仍然沒有忽視葡萄酒的這個屬性。20世紀40年代，法國報紙上有一則廣告：圖中一架天平，一側是500毫升葡萄酒，另一側是能夠提供同樣熱量的其他食物，包括麵包、牛奶等。那個年代出生的人們，正是當前法國葡萄酒的主要消費群體，在他們看來，葡萄酒就是食物的一部分，進餐就是需要葡萄酒。

有配餐功能

葡萄酒是屬於大眾的，其貴族化、神聖化並不是與生俱來的。隨着葡萄酒在社會生活中滲透越來越廣泛，人們對葡萄酒的期望也就越來越高，不同階層的人對其期望還出現差異，尤其是在文藝復興時期，隨着歐洲人廚藝的飛速提升，人們對葡萄酒的品質以及葡萄酒在餐桌上的功能期望也隨之高漲，並逐步形成了「葡萄酒文化」。今天講解葡萄酒文化時，很多認識和消費葡萄酒的理念都是從這一時期開始萌生的。

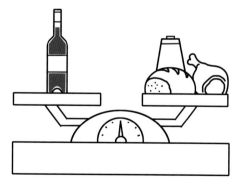

▲ 法國人曾認為葡萄酒能像食物一樣提供熱量

為什麼選擇葡萄酒？

葡萄酒歷史悠久，在中國，葡萄酒至少2000多歲了。

《史記》中，《大宛列傳》裏關於葡萄酒的內容被認為是中國葡萄酒最早的文字記載，仔細算來，中國葡萄酒有2000多年的歷史。但是，研究一下張騫之後的中國文化歷史，我們會發現葡萄酒在中國一直未能持續、系統地發展，這是不爭的史實(其原因見本章後專題3)。

因此，在今天，當我們談起葡萄酒時，多以其為「舶來品」。

此類帶有明顯「舶來品」特徵的事物，有什麼理由讓我等向來以擁有悠久的歷史、豐厚的傳統文化而自豪的中國人選擇和接受呢？

選酒原因

理由一：健康

葡萄酒的流行，緣於「飲用葡萄酒促進健康的科學證據」的研究，喝葡萄酒促進健康成了大眾共識，很多人把葡萄酒當做保健品看待，曾經一時間，購買葡萄酒送尊長成為時尚。

飲用葡萄酒真的能夠促進健康？這個問題將在後文進行專題討論，現在，暫且先根據法國人對待「葡萄酒與健康」這個問題的態度做個簡單判斷：

在本人使用的法語版《葡萄酒工藝學》教材中，一直沒有葡萄酒與健康的內容，只是最近這幾年修訂的版本才有所增加，用兩頁的篇幅討論葡萄酒與健康的內容。如僅從這個側面來看，法國人研究「飲用葡萄酒與健康」也是「飲用葡萄酒促進健康的科學證據」研究浪潮所催生的產物。

在法國的學校、酒莊及葡萄酒行業的論壇裏，本人曾就「飲用葡萄酒有益於消費者健康」的話題與別人進行討論，大部分人的反應是「不屑一顧」，還有人提醒道：法國人比別的西方國家的人患肝病的風險更高，這也許是「歸功」於法國人飲用相對多的葡萄酒。因此，在法國衛生部設有「飲酒與肝臟健康研究中心」。

如此說來，飲用葡萄酒是否有益於健康，還真不能簡單地一言以蔽之。

理由二：時尚與品位

葡萄酒杯為透明玻璃(或者水晶)高腳杯，透過杯壁看葡萄酒液，那種晶瑩剔透的色彩確實誘人，纖纖細指輕輕捏着亭亭玉立的杯腳，再加上參加葡萄酒酒會(或者晚宴)往往對着裝有要求，置身於這種氛圍，似乎端起高腳杯的那一霎那，突然就時尚了、有品位了，廣告裏常常做如此渲染。

殊不知，相對於幾千年葡萄酒的發展歷史，高腳玻璃杯的歷史實在微不足道：

17世紀末期，人們才開始製作透明的玻璃高腳杯。而今天對於葡萄酒杯選擇使用的技術與理念，也不過是最近幾十年的事情。

端起高腳杯就時尚了、有品位了？如果說「是」，也是在說高腳杯，這跟葡萄酒有多大關係呢？

理由三：養顏駐容

推介葡萄酒，應有多種理念，以適合不同人群。健康的話題，主要針對已經感覺到年齡存在的群體；以時尚與品位為話題，主要針對年輕活躍，或剛剛事業有成的群體。此外，葡萄酒潛在消費群體中還有一個帶有顯著特點的消費群體——女性，尤其是剛剛度過青澀的青春年華，經濟上獨立、有一定的消費影響力的女性群體，為了美容駐顏而消費葡萄酒的理由很能打動她們。更何況現今不僅是女性關注美容駐顏，青春永駐是所有人的向往，不同性別說法不同，目的卻是同樣的。

葡萄酒真的具有美容駐顏的功效嗎？回答是肯定的，葡萄酒中一些酚類物質確有抗衰老之功效，說葡萄酒美容駐顏沒有問題，但重要的是喝葡萄酒，而不是塗抹葡萄酒以養顏。為美容駐顏的目的，完全可以塗抹跟葡萄相關的高端美顏產品，只是價格不菲。

葡萄酒文化

逃避「白酒文化」

葡萄酒作為一種食物，其滋味豐富多變，滿足人們口腹聲色之悅。在進食的同時，飲用葡萄酒，也是一種享受。作為一種酒精飲料，葡萄酒獲得華人的關注，也是在華人越來越難以承受「白酒文化」的現實狀況「逼迫」下產生的。

華人傳統的酒文化是白酒文化，白酒文化宣揚的是「集體主義」、「服從」，由此而產生身體的不堪重負，腸胃、肝臟與大腦備受傷害，同時也催生了人們越來越矛盾的心情——既需要利用酒的社會功能，通過喝酒來調節商務或友情聚會的氛圍，又無法承受「白酒文化」給身體帶來的負擔。由此，很多人選擇了葡萄酒。

體現個性與多樣性

與白酒文化不同，葡萄酒文化宣揚的是個性與差異化（多樣性）。

首先，葡萄酒的消費習慣中，如果需要消費大量的酒，往往自始至終會使用多款酒品，而不是簡單地增加同一款酒的瓶數。在這些不同款的酒中，總會有自己相對喜歡的一款酒，口味風格適合自己。因此，人們參與飲酒的主動性就會大大提升。

其次，在斟酒時，葡萄酒不似白酒強調「滿而溢」，為了很好地品鑒、欣賞杯中之物，葡萄酒往往只斟1/3杯甚至更少，這與「酒滿心實」的滿杯白酒相比，在形式上減輕了飲用者的排斥與恐懼的心理。

最後，在消費、品嘗葡萄酒時，尤其是在談論葡萄酒時允許千人千面。人各有所好，吃、喝的感受是一件很自我的事情，由此可能形成一些討論甚至爭論，既增加了飯桌上的話題，並且是一個輕鬆的、相對高雅、不帶「色彩」的話題，同時又在吃吃喝喝中營造了輕鬆、高雅的氣氛。

保持清醒，不失體面

飲用葡萄酒很少出現喝到酩酊大醉的情況，清醒與風度都得以保持。

飲用葡萄酒是中國人以酒精飲料進行情感表達的現代方式。葡萄酒消費強調個性與變化，符合現代人強調自我、追求自由的理念。

人的自然屬性使得選擇飲用葡萄酒成為彰顯自我、廣交朋友的重要方式。在白酒的追擊、自我意識的提升雙重作用下，很多人選擇了葡萄酒。

選酒時的多元化與趨同化

飲食個性化、多元化的必然結果

葡萄酒是物質的，是一種高度複合的食品，是豐富多變滋味的載體，作為一種食品，葡萄酒可以滿足人們對享受各種滋味的需求，尤其是在經濟發展到一定階段後更是如此。

中國的節日都跟「吃」有關，對「吃」的文字描述，有一個口的「吃」，也有三個口的「品」。其中的差別，老祖宗在創造文字時，已經都想到了，只是他們的時代科技不發達，抵禦災害能力很弱，物質匱乏，無法提倡「三個口」品的吃法。

現代社會物質生活富足，吃已經不再僅僅是一種基本生理需求了，個性化和多元化的需求日益明顯，僅從街面上經營吃喝的場所名稱就可看出，昔日「酒樓」、「飯館」等沒有任何個性色彩的名稱，變成現在用「私房菜」等來突出特色。跟「吃」相濡以沫的「飲」也是一樣。由此可見，人們已經步入了「品」的階段。

一些名酒在給出漲價的理由時強調是為了滿足消費者彰顯身份的需求。這足以說明，社會的發展，物質生活的富足，帶來了對食物多層面的需求，除了風味上的差異，現代人更有對飲食的文化、心理等方面的多元化需求。

▼ 南非葡萄園收穫圖

精神文化的需求

餐桌上無非三件事：食、飲、聊。如果把這三件事絕對地割裂開來，這是當前很多宴會上的場景。食，擔心肥胖；飲，擔心醉酒；聊，擔心話不投機或者找不到話題。坐在餐桌旁毫無樂趣，甚至是種負擔。

而選擇葡萄酒，就可以把手邊的酒信手拈來，食、飲與聊天有機地結合起來，聊一聊「食」與「飲」，還有它們搭配的效果，可以談論的話題實在太多。在與餐食搭配方面的複雜性與豐富性上，沒有哪種飲料可以與葡萄酒相比。

聊得投機，「食與飲」成了一種精神享受。「交流吃喝」作為餐桌上話題的一部分，食、飲的行為帶有了精神與文化的色彩，這是社會發展的表現。

人具有社會屬性，社會的發展帶動了人們對精神與文化生活的需求，這是中國人選擇葡萄酒的重要原因。

德美説

中國傳統文化是農耕文化，過去，人們靠天吃飯，時時處在饑餓的恐懼之中，由此形成的經濟基調是匱乏。於是，節慾與克制，就成為中國社會生活的傳統基調，「倡導節儉，反對奢華」就成為中國人的基本美德。

但是，人生而有慾，有慾就必定要追求慾望的滿足，追求「口腹聲色」之樂，人所難免。節日的放縱和狂歡，是對平日匱乏與節制的一種補償。看中國的節日習俗，無一不是與「吃」緊密相連：端午節吃粽子、中秋吃月餅，過年自然也不例外，北方吃餃子，南方吃年糕。有人會提出質疑：西方經濟發達國家早就進入物質過剩階段，為什麼他們也在熱火朝天地享受狂歡，復活節、感恩節、聖誕節等等，一年節日不斷？

比較一下人們就會發現，西方的節日大多是宗教節日，即使不是宗教節日，也有濃厚的精神旨趣。而中國的節日雖有故事，但更多的是物質性。中國歷史文化悠久，對匱乏的記憶也尤為深遠。

今天，中國城市生活富足，物質過剩，口腹之慾比較容易得到滿足，自然沒有了能讓我們牽腸掛肚、惦記一年才能品嘗一次的食物，但，「日子正在失去期盼！」精神文化的需求日益凸顯。所以，賦予慶祝傳統節日的「精神與文化內涵」，或許是我們繼承和發揚民族文化傳統的辦法之一。這樣做，比那些蒼白地抵制「洋節」的呼籲更具有意義。

─ 專題 2 ─
∾ 葡萄護膚產品 ∾

　　葡萄護膚產品是由葡萄籽加工而成。葡萄系列護膚產品的代表是著名的「高達麗」(Caudalie)。

　　時尚群體中無人不知高達麗。這是20世紀末創建，在短短十幾年時間內迅速走紅的一個全新的健康品牌。高達麗出自詩密拉菲特酒莊(Chateau Smith Haut Lafitte)，在美洲、亞洲，人們知道這個酒莊是因為高達麗。詩密拉菲特酒莊位於法國波爾多的格拉芙(Graves)產區，位於酒莊內的高達麗度假酒店以預定困難而著稱。

▲ 詩密拉菲特酒莊

　　高達麗的創制者托馬斯夫婦年輕時曾就讀於波爾多大學醫學院。1993年的一天，Vercautheren告訴他們，釀造葡萄酒的副產物——葡萄籽價值堪比黃金，葡萄籽富含多酚物質，純化後可以說是世界上最好的消除自由基的天然物品，是護膚佳品，能使人的容顏青春長駐。

　　1995年，托馬斯夫婦研發出3個產品，並申請了專利。這幾項關鍵專利技術支撐了高達麗品牌——葡萄籽OPC(也被稱作葡多安，這是一種抗氧化物質，其活性強過維生素E1000倍！)提取技術、葡萄組織中白藜蘆醇(促進細胞更新以及具有抗癌活性物質)提取技術、Viniferine(具有消除黃褐斑之作用)提取技術。多酚物質由此時成為一種護膚品成分。

　　高達麗產品研發、使用都無比崇尚自然，產品成分完全來自於天然植物，無任何人工或動物的成分。甚至為了保證產品的效用，高達麗不使用廣口瓶而使用管狀包裝。

▲ 高達麗度假酒店

　　2001年1月，在巴黎最知名的酒店之一——莫里斯酒店，托馬斯夫婦開設了第一個葡萄產品SPA，2002年在美國加利福尼亞州(簡稱加州)、台灣，2003年在意大利皮埃蒙特開設分店，之後又發展至英國、德國、比利時等地。如今，用葡萄精油護理肌膚成為至高的時尚享受。

喝葡萄酒真的有益健康嗎？

葡萄酒的傳播，可以肯定地說與其被推廣的「健康功效」有關。華人崇尚食療同源，總是期望在吃的同時，能吃得更健康。對於被當成「健康」、「保健」飲品的葡萄酒，其被接受度自然是良好的。

「法蘭西悖論」

談到葡萄酒與健康，最具有鼓動力的話題是「法蘭西悖論（French Paradox）」（有人稱之為「法國矛盾」）。

20世紀70年代，美國民眾備受冠心病困擾，當時民眾已經接受的共識是：防控冠心病，應當遠離煙草、酒精以及高脂、高熱量食物。但「MONICA」健康調查表明，法國人高脂高熱量食物攝入量高於美國人，而法國人的心臟和心血管疾病的發生率、死亡率卻比美國人低。

醫學家因此做出了理論推理：造成這一現象的主要原因是法國人飲用更多的葡萄酒。美國記者將這個發現製作成了一個「60分鐘」談話節目，在美國引起轟動，極大地促進了葡萄酒在北美的銷售與消費。

從那時起，科學家們也開始展開研究關於葡萄酒與健康的話題，並且以1997年美國科學家John Pezzuto在Sience雜誌發表《葡萄的天然產物白藜蘆醇的抗癌活性》（Cancer chemopreventive activity of resveratrol, a natural product derived from grapes. Science, 275: 218~220, 1997）作為標誌，關於「飲用葡萄酒促進健康的證據」研究在世界範圍廣泛展開。「MONICA」健康調查所做的「流行病學調查」是為了發現一些現象之間的相互關聯，不能證明某種現象是另外某種現象的原因。

葡萄酒中有益健康的成分

確實，飲用葡萄酒促進健康是具有科學證據的。

酒精

有調查表明：習慣性適度飲酒者比不飲酒者或者酗酒者心臟病發病率都低，葡萄酒中的酒精或許是「法蘭西悖論」成因之一。

白藜蘆醇（resveratrol）

葡萄酒中含有的白藜蘆醇已經在各種實驗中被證實具有拮抗腫瘤、減少腦細胞氧化應激、減少腦缺血自由基損傷、減少抑鬱症、延遲老年痴呆症發生以及抗炎等作用。

多酚（polyphenol）

儘管關於白藜蘆醇的醫學研究更為詳

細，但是葡萄酒中白藜蘆醇的含量似乎不足以解釋「法蘭西悖論」。也有研究人員發現，葡萄酒中的原花青素以及單寧等多酚物質，也具有抗氧化、減少心腦血管疾病發病的作用，並且，葡萄酒中這些物質的含量很顯著，僅兩杯紅葡萄酒（125毫升/杯）就含有足以產生效果的劑量。

毋庸置疑，飲食肯定會影響健康，但是這種影響是複雜的，單一食物的影響是難以成立的。

非要說葡萄酒與健康有某種關係，如果能在法國生活一段時間，或許會把這種簡單推理修正為：與其說飲用葡萄酒促進了健康，倒不如說有葡萄酒的生活方式促進了健康，這樣說會更令人信服。

葡萄酒中危害健康的物質

喝葡萄酒有益於健康的證據是確鑿的，但是，凡事總是有其兩面性，葡萄酒也不例外。首先說酒精可以促進健康，但是，過度飲酒又會傷肝，更不用說飲酒還會影響人的行為，如酒駕。

葡萄酒釀造過程容易被微生物污染而造成不良風味，釀造與保存的過程容易被氧化，所以工藝上要求使用二氧化硫添加劑（葡萄酒標籤上往往注明：含有二氧化硫），二氧化硫是一種對人體健康有傷害的物質，儘管葡萄酒中的添加量經過嚴格科學論證——正常飲用葡萄酒不足以造成身體傷害，但是，仍然不排除一些體質敏感的人群，會對此類物質有過敏反應。

所以，飲用葡萄酒與健康的關係，可能因人而異。

Tips

MONICA

世界衛生組織（2002年數據）曾開展一個名為「MONICA（MONItoring of trends and determinants in CArdiovascular disease）」的健康調查，調查結果顯示，法國人均日進食動物脂肪108克，而美國人僅72克。法國人進食多於美國人60%的奶酪，食用幾乎3倍於美國人食用的豬肉，4倍於美國人食用的牛油。但是，據英國心臟病防控中心1999年調查數據顯示，35~74歲男性冠心病致死率在美國為十萬分之一百一十五，而在法國僅為十萬分之八十三。

德美説

「法蘭西悖論」

不能否認飲用葡萄酒有促進健康的作用，只是把葡萄酒當做藥物來使用的説法和做法缺乏科學依據。在其產生與發展的歷史上，葡萄酒是一種食物，進而飲用葡萄酒成為一種生活方式。

如此説來，怎樣解釋那個誘人的「法蘭西悖論」更客觀呢？我想，這需要各位看官開動自己的大腦。大家可能會發現：無論是什麼關於飲用葡萄酒促進健康的研究，都是以法國人作為正面的研究對象，我們不妨把法國人的所有飲食習慣、生活方式羅列一下，看看除了葡萄酒以外，是不是還有能降低其心腦血管疾病發病的因素。

研究人員指出，「法蘭西悖論」或許與法國人的下述飲食習慣有關：

脂肪攝入主要是來源於乳製品，如奶酪、全脂奶、酸奶等；食用大量的魚；少食多餐並且主張慢餐的進食習慣；低糖飲食，與此相反的是，美國人喜愛低脂甚至無脂但是高糖食物；正餐間不吃零食；很少進食美國人通常大量食用的蘇打飲料、油炸食物、零食、加工的半成品食物等。

因為有了這樣的飲食結構和飲食習慣，即使不怎麼飲用葡萄酒的法國人，也很少像美國人一樣出現體重超標的問題。所以，法國人相對健康的心血管不只是因為他們飲用葡萄酒，葡萄酒對健康有益，但不應誇大其對健康的作用。

— 專題 3 —
葡萄酒小史

● 葡萄酒的起源和歷史

據考古資料顯示，最早栽培葡萄的地區是小亞細亞里海和黑海之間及其南岸地區。大約7000年前，南高加索、中亞細亞、敘利亞、伊拉克等地區就開始了葡萄的栽培。在這些地區，葡萄栽培經歷了三個階段，即採集野生葡萄果實階段、野生葡萄的馴化階段和葡萄栽培隨着移民傳入其他地區(初傳入埃及，後傳至希臘)階段。

最早種植葡萄的不是埃及人，但他們是最早記錄葡萄酒釀造過程，把所有細節都清楚地刻畫下來的人。古埃及的豐收景象與中世紀的法國壁毯或油畫上描繪的收穫景象相似。3000～5000年前，釀造葡萄酒的技藝已被埃及人完全掌握了。那時埃及已經有能辨別不同品質葡萄酒的專家，其自信絕不亞於21世紀法國波爾多的葡萄酒經紀人。

▲ 葡萄酒容器（雅典出土公元前480年～公元前470年製作）

在埃及的古墓中所發現的大量珍貴文物，特別是浮雕，清楚地展現了古埃及人栽培、採收葡萄和釀造葡萄酒的情景。最著名的Ptahhotep墓址據今已有6000年的歷史。

4000年前，古巴比倫的漢謨拉比法典中已有對葡萄酒買賣的規定，對那些將壞葡萄酒當做好葡萄酒賣的人進行嚴厲的懲罰。這說明當時的葡萄和葡萄酒生產已有相當的規模，而且也有一些劣質葡萄酒充斥市場。

歐洲最早開始種植葡萄並進行葡萄酒釀造的國家是希臘。一些航海家從尼羅河三角洲帶回葡萄、葡萄種植和葡萄酒釀造技術，並逐漸傳開。3000年前，古希臘的葡萄種植已極為興盛。希臘人不僅在本土，而且在其當時的殖民地西西里島和意大利南部也進行了葡萄栽培和葡萄酒釀造活動。

▲ 酒水混配罐（公元前410年～公元前400年製作，發現於現意大利普里亞）

2700年前，希臘人把小亞細亞原產的葡萄酒通過馬賽港傳入高盧(即現在的法國)，並將葡萄栽培和葡萄酒釀造技術傳給了高盧人。然而在當時，高盧的葡萄酒生產並不很重要。

▲ 古埃及壁畫上採收葡萄的場景

▲ 古埃及壁畫上葡萄採收和葡萄酒釀造的場景

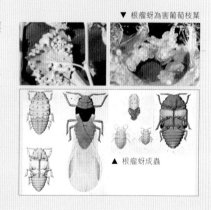

▼ 根瘤蚜為害葡萄枝葉

▲ 根瘤蚜成蟲

　　羅馬人從希臘人那裏學會葡萄栽培和葡萄酒釀造技術後，很快在意大利半島全面推廣。

　　隨着羅馬帝國的擴張，葡萄栽培和葡萄酒釀造技術迅速傳遍法國、西班牙、北非以及德國萊茵河流域地區，並形成很大的規模。至今，這些地區仍是重要的葡萄和葡萄酒產區。

　　15至16世紀，葡萄栽培和葡萄酒釀造技術傳入南非、澳大利亞、新西蘭、日本、朝鮮和美洲等地。

　　16世紀中葉，法國胡格諾派教徒來到佛羅里達，開始用圓葉葡萄 (Vitis Rotundifolia) 釀造葡萄酒。

　　16世紀，西班牙殖民者將歐洲種葡萄帶入墨西哥、美國加利福尼亞州。

　　16世紀，英國殖民者將歐洲葡萄帶到美洲大西洋沿岸地區，儘管做了多次努力，由於葡萄根瘤蚜、霜黴病和白粉病的侵襲以及這一地區的氣候條件原因，歐洲種葡萄在美洲的栽培失敗了。

　　19世紀60年代是美國葡萄和葡萄酒生產的大發展時期。1861年從歐洲引入葡萄苗木20萬株，在美國加利福尼亞建立了葡萄園。但由於根瘤蚜的危害，幾乎全部被摧毀。後來用本地葡萄作為砧木嫁接歐洲種葡萄，防治了根瘤蚜，葡萄酒生產才又逐漸發展起來。

　　現在南北美洲均有葡萄酒生產，阿根廷、美國的加利福尼亞以及智利均為世界聞名的葡萄酒產區。

● 葡萄酒在中國的發展

中國最早記載葡萄的文字見於《詩經》。《詩·豳風·七月》:「六月食鬱及,七月亨葵及菽。八月剝棗,十月獲稻,為此春酒,以介眉壽。」這反映在春秋時期(公元前770年～公元前476年),人們就已經知道採集並食用各種野葡萄了,並認為葡萄為延年益壽的珍品。

Tips
_____

這是一首秦風,「豳」在今陝西省彬縣一帶。本詩反映的是西周時期農業奴隸的生活,主要是一年四季農業勞動。這幾句中,「郁」是郁李,「薁」是野葡萄。

_____

中國古代的葡萄酒

中國葡萄和葡萄酒業開始,是在漢武帝時期(公元前140年～公元前88年)。之後,經歷了魏、晉、南北朝時期,葡萄酒業的發展與葡萄酒文化的興起;唐太宗和盛唐時期,燦爛的葡萄酒文化;元世祖時期至元朝末期,葡萄酒業和葡萄酒文化的繁榮。清末民國初期,葡萄酒業發展的轉折,則是葡萄酒工廠化生產的開端。現在,在中國大陸葡萄酒年產量達100萬噸。

史書中關於葡萄酒的最早記載是《史記·大宛列傳》第六十三,記錄了漢使張騫出使西域的見聞。之後東漢以至盛唐,葡萄酒一直為達官貴人的奢侈品。如東漢時,據《太平御覽》卷九七二引《續漢書》中記載:扶風孟佗以葡萄酒一斛遺張讓,即以為涼州刺史。以至於蘇軾對這件事感慨地寫道:「將軍百戰竟不侯,伯良一斛得涼州。」

唐朝是中國葡萄酒釀造史上很輝煌的時期,葡萄酒的釀造已經從宮廷走向民間。酒仙李白在《對酒》(《全唐詩·李白卷二十四》)中寫道:

蒲萄酒,金巨羅,吳姬十五細馬馱。

黛畫眉紅錦靴,道字不正嬌唱歌。

玳瑁筵中懷裏醉,芙蓉帳底奈君何。

▲ 張裕公司創始人張弼士

此詩記載了葡萄酒可以像金巨羅一樣作為少女出嫁的陪嫁,可見葡萄酒普及到了民間。

另外,唐朝王績的《題酒家五首》,劉禹錫的《蒲桃歌》,宋朝陸游的《夜寒與客撓乾柴取暖戲作》,以及元朝的《馬可波羅遊記》,元曲、明清小說中都有大量關於葡萄酒的生產、消費的描述。其中最膾炙人口的著名詩句當數唐朝王翰所作的《涼州詞》:

葡萄美酒夜光杯，欲飲琵琶馬上催。

醉臥沙場君莫笑，古來征戰幾人回。

　　而在元朝《農桑輯要》的官修農書中，更有指導地方官員和百姓發展葡萄生產的記載，並且栽培技術達到了相當高的水平。明代徐光啟所著的《農政全書》卷三十中也記載了中國栽培的葡萄品種。

▲ 中法農場葡萄園之冬

中國現代的葡萄酒

　　中國葡萄酒的現代化發展，有三個標誌性階段：1892年華僑張弼士在煙台栽培葡萄，建立了張裕葡萄釀酒公司，這是中國葡萄酒規模化發展的開端。1980年建成中法合營天津王朝葡萄酒公司，這是中國葡萄酒現代化、國際化發展的標誌，也是國家改革開放接納外來事物的開端。2000年開始建設了中法合作葡萄種植與釀酒示範農場(現在的中法莊園)，這是廣泛利用專業苗木、規範化種植的莊園式葡萄酒發展的標誌。

　　研究中國葡萄酒產業現代化、產業化發展，必須提到科技與教育的推動作用。1985年西北農業大學(現西北農林科技大學)創辦了葡萄栽培與釀酒專業，是中國葡萄酒專業高等教育的開端，1994年在此基礎上創辦了葡萄酒學院，這也是亞洲第一所葡萄酒學院。在此畢業的幾千名學生，工作在葡萄酒行業的第一線，構成了現代中國葡萄酒產業技術隊伍的主體。

　　中國葡萄酒產業截止到2010年獲得生產許可證的企業有940戶，其中規模以上企業248戶；規模以上葡萄酒製造業完成工業總產值309.52億元。山東省、河北省、吉林省產值居全國前三位。

　　2010年，中國葡萄酒產量108.88萬千升。山東省葡萄酒產量達到37.54萬千升，佔全國總產量的34.48%，居全國首位。山東省、吉林省、河南省、河北省產值居全國前四位。全國葡萄酒新興產區產量大幅度增長，寧夏的增長速度居第一位，福建居第二位，新疆居第三位。

▼ 中法農場整齊劃一的釀酒葡萄園

葡萄酒分類與酒標

人的世界裏有性別差異，有高矮之分，也有膚色之別，葡萄酒的世界裏風景萬千，同人的世界一樣五光十色。

想找到自己中意的葡萄酒，最好先瞭解自己的需求，喜歡酸一點的還是甜一點的？有氣泡還是沒有氣泡的？

紅濃顏色的還是金黃顏色的？餐前飲用還是搭配四川菜、上海菜？

乃至喜歡時尚絢麗的酒標還是典雅傳統的酒標……

葡萄酒的分類

含糖量

　　按照含糖量分類是葡萄酒分類中最常用的方式，其中乾型葡萄酒在這種分類中佔有絕對的數量優勢。

　　按照葡萄酒中含糖量進行分類，葡萄酒可以分為以下四個類別：

乾葡萄酒

　　乾葡萄酒（dry wines）是含糖（以葡萄糖計）小於或等於4.0克/升。或者當總糖高於總酸（以酒石酸計）差值小於或等於2.0克/升時，含糖最高為9.0克/升的葡萄酒。

Dry ＝ 乾

英文詞「dry」本來就有特指「不甜的、不帶果味的葡萄酒」詞條解釋，只是其排位遠遠落後於「乾」、「不含有水分」等詞條之後。所以在早先人們引進「dry wine」的中文解釋時，將「dry」的翻譯就使用了最為不費腦子的「乾」。如果當時解釋為「不甜的葡萄酒」，或許今天剛剛接觸葡萄酒的人也就不會如此費解了。

葡萄酒中通常含有葡萄糖、果糖、阿拉伯糖以及木糖等，標準分析檢測方法為費林試劑法，將最後數據折算為葡萄糖。

葡萄酒中的酸

葡萄酒中通常含有酒石酸、蘋果酸、檸檬酸、乳酸、醋酸、琥珀酸等，分析檢測時採用酸鹼滴定法，將最後數據折算為相當於酒石酸含量（不同國家標準有差異）。

半乾葡萄酒

半乾葡萄酒(semi-dry wines)是含糖大於乾葡萄酒，最高為12.0克/升的葡萄酒。或者當總糖與總酸差值小於或等於2.0克/升時，含糖最高為18.0克/升的葡萄酒。

半甜葡萄酒

半甜葡萄酒(semi-sweet wines)是含糖大於半乾葡萄酒，最高為45.0克/升的葡萄酒。

甜葡萄酒

甜葡萄酒(sweet wines)是含糖大於45.0克/升的葡萄酒，但其不等於帶有甜味的葡萄酒。甜葡萄酒含糖量大於每升45克，而且這部分糖必須是來自葡萄果實，對於釀酒工藝、葡萄的質量有相當高的要求。

所以甜葡萄酒有時被喻為「液體黃金」，可見其珍貴。中國人喜食甜食，甜型的葡萄酒在中國具有廣闊的市場，但是，令許多消費者困惑的是，在中國葡萄酒市場中，甜葡萄酒被等同於「帶有甜味的葡萄酒」，許多甜葡萄酒是通過添加外源糖分獲得的甜味。

顏色

當談論到葡萄酒，中國人更習慣以「紅酒」來稱呼「葡萄酒」。

如按照顏色對葡萄酒進行分類，葡萄酒可以被分為紅葡萄酒、白葡萄酒和桃紅葡萄酒。在所有的葡萄酒產品中，紅葡萄酒大約佔六成，而白葡萄酒、桃紅葡萄酒大約佔四成。儘管在稱呼上有些約定俗成地以「紅酒」指代所有葡萄酒，但在談及和享受葡萄酒時，白葡萄酒、桃紅葡萄酒不

Tips

甜葡萄酒：含糖量大於45克每升的葡萄酒，且糖必須是來自葡萄果實；
帶有甜味的葡萄酒：通過添加外源糖分獲得的甜味葡萄酒。請注意甜葡萄酒的甜味來源中國標準與歐盟標準的差異。

應被忽略。

造成「紅酒」代替了「葡萄酒」的主要原因有兩點：首先是紅色往往與喜慶、好運相關聯。其次，從商業的角度來說，紅葡萄酒具有更大的想象與營銷的操作空間。

但「紅酒」不能等同於「葡萄酒」。從口味的角度來討論，白葡萄酒以及桃紅葡萄酒在中國應該有更寬泛的適應性。為了全面地享受葡萄酒，選擇葡萄酒時應當關注白葡萄酒和桃紅葡萄酒。

起泡性

香檳（Champagne）是起泡葡萄酒的一種，起泡酒就是「在20℃時，瓶內二氧化碳壓力超過0.05兆帕（0.5個大氣壓）的葡萄酒」，當打開酒瓶時，有明顯的氣泡溢出。

「香檳（Champagne）」是一個受保護的特定稱謂名詞，在包括中國以內的幾十個國家都禁止使用。僅有法國香檳地區（Champagne）出產的香檳酒才能使用這個稱謂，美國起泡酒是唯一的例外。

按照瓶內二氧化碳壓力不同，可以將葡萄酒分為：

靜止葡萄酒（或者叫平靜葡萄酒）

靜止葡萄酒（Still Wine）是在20℃時，二氧化碳壓力小於0.05兆帕的葡萄酒。

起泡葡萄酒

起泡葡萄酒（Sparkling Wine）是在20℃時，二氧化碳壓力等於或大於0.05兆帕的葡萄酒。

起泡葡萄酒還分為高泡葡萄酒和低泡葡萄酒，詳見右表。

用途

葡萄酒按照享用的順序，也可以被分為：餐前酒、佐餐酒和餐後酒。當然，餐前酒、佐餐酒、餐後酒可以包括其他酒種，在此，僅討論由葡萄酒擔當這三種功能酒時葡萄酒的特點。

餐前酒

餐前飲酒通常是為了開胃以及等待客人聚齊。餐前喝開胃酒，是為了喚醒自己的胃進行熱身活動，調整狀態，準備開始

Tips

「香檳」村不能生產「香檳」酒

瑞士沃州（Vaud）比爾湖（Lac de Bienne）有個僅有六百多位居民的小村落，名為「Champagne（香檳）」，1974 年，該村酒商收到世貿組織（WTO）關於自 2004 年起禁止使用「Champagne」的規定，因為「Champagne」是法國香檳地區專屬使用的專有稱謂。起初，香檳村的人們並沒有在意，及至禁用條款生效，先前每年 11 萬瓶葡萄酒的銷售量下滑到每年僅 3.2 萬瓶。2008 年 4 月，100 多位居民走上街頭，反對 WTO 的這一條款。

按葡萄酒的起泡性分類	靜止葡萄酒	在 20℃時，二氧化碳壓力小於 0.05 兆帕	
	起泡葡萄酒	高泡葡萄酒 sparkling wines 在 20℃時，二氧化碳（全部自然發酵產生）壓力大於等於 0.35 兆帕（對於容量小於 250 毫升的瓶子二氧化碳壓力等於或大於 0.3 兆帕）的起泡葡萄酒。	天然高泡葡萄酒（brut sparkling wines）酒中糖含量小於或等於 12.0 克／升（允許差為 3.0 克／升）的高泡葡萄酒
			絕乾高泡葡萄酒（extra-dry sparkling wines）酒中糖含量為 12.0~17.0 克／升（允許差為 3.0 克／升）的高泡葡萄酒
			乾高泡葡萄酒（dry sparkling wines）酒中糖含量為 17.0~32.0 克／升（允許差為 3.0 克／升）的高泡葡萄酒
			半乾高泡葡萄酒（semi-sec sparkling wines）酒中糖含量為 32.0~50.0 克／升的高泡葡萄酒
			甜高泡葡萄酒（sweet sparkling wines）酒中糖含量大於 50.0 克／升的高泡葡萄酒
		低泡葡萄酒（semi-sparkling wines）在 20℃時，二氧化碳（全部自然發酵產生）壓力在 0.05 兆帕~0.34 兆帕的起泡葡萄酒	

工作。因此，餐前酒不能過濃、過膩，應當是清爽、清新的。

通常，新鮮清淡的乾白、酸度較好的起泡酒被用來做餐前酒。

關於餐前酒的作用，這裏還有另外一種解釋：通常赴宴的客人不會同時到達，早先到達的客人只能是等待，那麼無意間仿佛在鼓勵晚到行為。熱情的主人顯然不會讓早到的客人感到等待的乏味，開香檳作為對早到者的一種鼓勵。如果酒很好的話，那晚到者就會有喝不到的風險，以後自然也就不會再遲到。

▲ 香檳村民反對 WTO 條款示威

▲ 香檳村出產的葡萄酒

佐餐酒

佐餐是葡萄酒的主要功能，這也是葡萄酒的本質屬性。佐餐酒的選擇與菜餚的材料、烹飪方法、口味等有密切關係，我們將在後面專設章節詳細探討。

餐後酒

按照西餐的習慣，一餐的尾聲，往往是甜品，搭配甜品當然是甜味主導的葡萄酒，如冰酒、貴腐、天然甜、馬德拉酒等。嚴格說來，這仍然是佐餐過程搭配的酒，真正的餐後酒多是蒸餾酒，如白蘭地、威士忌。

▼ 起泡酒中串串細膩柔滑的氣泡

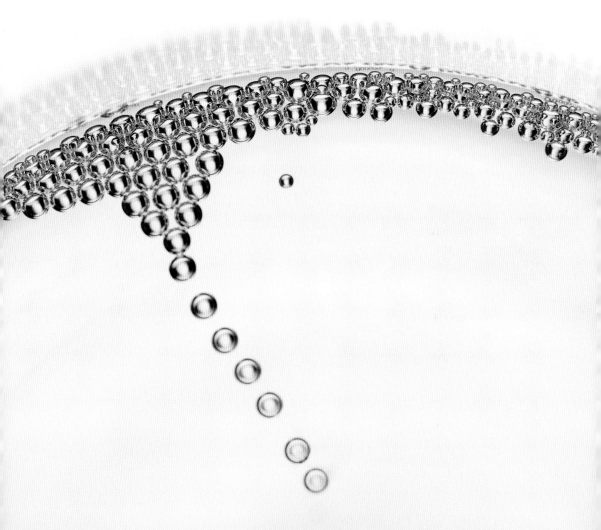

看酒標識葡萄酒

葡萄酒作為一種特殊的商品，其外貌對於消費者選購而言是至關重要的。一款葡萄酒的「外貌」都包括哪些方面呢？一款葡萄酒給人的「外貌」感覺主要來自於葡萄酒瓶和酒標，如果說酒瓶如同人的形體，那麼酒標就猶如人的服裝。

葡萄酒的酒瓶

葡萄酒瓶給人最直觀的感覺是來自於它的形狀、大小、質地與顏色。

葡萄酒瓶的形狀

單就瓶子本身的各種要素而言，葡萄酒瓶的形狀可以給消費者在選購葡萄酒時最直觀的第一印象，因此，自採用玻璃加工葡萄酒瓶之後，各個葡萄酒產區逐漸形成了自己的酒瓶形狀風格，比較常見的瓶型有以下幾種：

① 波爾多葡萄酒瓶

波爾多（Bordeaux）葡萄酒瓶瓶壁平直，帶有瓶肩，有時瓶肩略寬於瓶身，瓶底深陷明顯。波特酒（Porto）以及雪利酒（Sherry）也採用類似形狀的瓶子灌裝，當然瓶頸部分略有近似球形的突起。

② 布根地葡萄酒瓶

布根地（Burgundy）葡萄酒瓶瓶肩相對於瓶身略窄，瓶底深陷，瓶身寬圓。隆河谷地區也採用這個瓶型。

▲ 現代布根地風格葡萄酒瓶

▲ 現代波爾多風格葡萄酒瓶

▲ 萊茵葡萄酒瓶　　　　▲ 香檳葡萄酒瓶

▲ 8 世紀波爾多風格葡萄酒瓶　　▲ 18 世紀布根地風格葡萄酒瓶

③ 萊茵葡萄酒瓶

萊茵（Rhine）葡萄酒瓶有時也稱為霍克（Hock, Hoch）瓶，瓶身細長，無肩，近乎平底。在莫塞（Mosel）、亞爾薩斯（Alsace）也採用這種瓶型。

④ 香檳葡萄酒瓶

由於瓶子需要承受較大的壓力，香檳（champagne）葡萄酒瓶通常瓶壁厚重，瓶肩相對窄，瓶底深陷，瓶身寬圓。其他起泡酒也採用類似形狀的瓶子。

而個別生產商經常也會獨出心裁，採用獨特形狀的酒瓶，以期能夠被消費者記住。比如葡萄牙最大的葡萄酒公司搜戈拉葡（Sogrape）公司出產的馬啼爾思（Matieus），採用的是葡萄牙軍人水壺形狀的酒瓶。這款葡萄酒在二戰之後推向世界並風靡世界的主要原因之一就是得益於酒瓶獨特的形狀。另外一個特殊的案例，是

當今世界上單一銷售量最大的葡萄酒——香奈（JP Chenet），歪斜的瓶口，突破傳統的瓶身設計，可愛而且實用，便於握在手中以及倒酒。

在盧瓦河谷以及隆河谷產區，葡萄酒瓶瓶身經常會見到生產者的徽章印記，這是在加工瓶子時由特製的模具加工而成，既是識別的標誌，也是防偽的標誌。

葡萄酒瓶的大小

最常用的葡萄酒瓶的容積為750毫升，儘管也存在小到375毫升、187毫升，大到1500毫升，甚至更大的葡萄酒瓶。由於酒瓶個頭越大，越容易獲得關注，就好比人群中的大塊頭總是先被人發現一樣，在同樣750毫升容量的瓶子中，加重瓶子更容易獲得較好的關注度（假如沒有環保人士抵制的話）。

酒瓶的質地與顏色

葡萄酒瓶瓶身通常是光滑的,為了標榜另類或者引人注目,有些酒商採用磨砂或噴砂技術,將瓶子做成不透明狀,也能獨樹一幟,容易識別。另外也有對酒瓶進行仿古加工的。

瓶子顏色則不一而足,儘管不同色彩的玻璃能影響透過(進入瓶內)的光譜頻段,進而對酒質產生影響,但是,對於被快速消費的葡萄酒而言,這點似乎不是很重要。

通常,波爾多地區採用綠色至墨綠色的瓶子灌裝紅葡萄酒,用淺綠色瓶裝乾白葡萄酒,透明的白色瓶灌裝貴腐酒。布根地和隆河谷採用深綠至墨綠瓶灌裝葡萄酒,莫塞以及亞爾薩斯採用綠至深綠瓶灌裝,而萊茵採用琥珀色玻璃瓶灌裝。也有些酒莊仍然採用傳統的綠色瓶。

葡萄酒的酒標

酒標的色彩、圖案、形狀以及文字信息,是酒標給人第一印象的重要來源。

酒標的色彩

傳統的酒標設計以高雅格調為主,往往使用中間色,以保留更多令人體會、遐想的空間。但大眾審美趨勢決定,光鮮亮麗的色彩才能奪目,獲得關注。所以,銷售較好的商品,其外包裝通常不是灰色調的。

在酒標設計色彩運用方面獲得極大成功的,當屬澳大利亞禾富(Wolf Blass)公司,該公司採用不同色彩酒標,以區分同一類產品的檔次高低:紅標、黃標、灰標、黑標、白金標。而迪寶夫酒莊(Georges Duboeuf),在其系列酒中採用色彩鮮艷的花朵作為酒標的基本色彩,很容易識別。

▲ 色彩艷麗的迪寶夫酒瓶　　▲ 禾富公司不同色彩的酒標

酒標的圖案

　　從易於識別與記憶的角度來說，酒標圖案越簡單越好。但是，簡單的圖案要達到既能夠在生產者與消費者之間傳遞足夠的信息又要在貨架上能脫穎而出，這對於酒標設計者而言，卻是個不小的挑戰。

　　一個簡潔的成功酒標，猶如繪畫大師之用筆，從來就是惜墨如金，可以顯示設計者以及生產者的自信，比如波爾多索甸（Sauterne）超一等酒莊——伊蓋（Chateau d'Yquem）的酒標就是很好的例證：酒標上僅有酒莊的名稱、家族名稱（Luc Saluces，自 2001 年起，該名稱改為 Sauterne）和年份，以及一個小小的皇冠標誌，至於列級酒莊和 AOC 的標記全沒有放到正標上，「簡約而不簡單」。

　　要說酒標圖案奢華，當數穆棟酒莊（Chateau Mouton Rothschild）的酒標，自1945 年起，每年穆棟酒莊的酒標選用世界當紅繪畫大師的傑作作為酒標圖案，這已經成為穆棟創造的一種葡萄酒標設計的風格，引來諸多仿效者。

▲ 馬啼爾思酒瓶

▲ 香奈系列酒瓶

▲ 帶徽章印記的葡萄酒瓶

▲ 葡萄酒瓶的大小（左 1 為 750 毫升標準瓶尺寸）

更獨具匠心的酒標設計——將酒標繪製在瓶身之上，比如著名香檳酒廠「巴黎之花」的名品香檳——「美好年代」（Belle Époque），就是把一隻盛開的銀蓮花採用燙金琉璃技術勾勒於暗綠色的瓶身上，達到了令任何人都過目而不忘的效果。

經典的酒標圖案，通常是以酒莊主體建築作為酒標圖案的基本元素，比如波爾多一些列級酒莊，大多採用這種方式設計自己的酒標。在參觀酒莊之後，當再見到這些熟悉的標誌，會令人備感親切，當然更容易識別的。

酒標的形狀

傳統的酒標形狀或長或方，圖案與文字多採用對稱或接近對稱的方式排列，比如白馬（Chateau Cheval Blanc）酒莊酒標以及聖如里安產區（St Julien）的巴奈•度庫（Chateau Branaire Ducru）。

對於已經享有聲譽的酒莊來說，這可能不會造成識別的困難，但是，對於新創建的品牌，顯然就有被淹沒在中規中矩的酒標海洋之中的風險。所以，一些新派的葡萄酒生產者更喜歡使自己的酒標形狀獨

▲ 迪寶夫酒莊部分酒標

▲ 伊甘酒莊酒標

▲ 穆棟酒莊的部分酒標

◄ 白馬酒莊酒標

◄ 巴奈‧度庫酒標

◄ 德法歌酒莊酒標

樹一幟，設計成為一些特殊的形狀，如菱形、花邊、不規則形（如左圖），甚至於採用葡萄葉、樹幹等形狀，以增強視覺衝擊力。

酒標的文字信息

　　一個酒標，只有在初步獲得關注之後，方會獲得消費者進一步瞭解其所包含的文字信息的可能。因此可以說，酒標的文字信息對於「捕捉」消費者的注意力來說

不具有優先的作用。所以，很多生產者乾脆在酒標的正標中放棄了信息的描述，僅僅是一個名稱而已，比如索旬產區的德法歌酒莊（Chateau de Fargues）以及位於盧瓦河谷的杜賽風車酒莊（Moulin Touchais，該酒莊的酒被列為100款臨終前必須嘗試的葡萄酒）就是這樣的典型代表。

　　對於瞭解已經選定的一款酒而言，文字信息是很重要的，然而，爭取在第一時間被選中卻不是這些信息所能夠獲得的效

穆棟酒莊的部分酒標 ◀

▲ 杜賽風車酒莊的酒標　　　▲ 巴黎之花酒標

果。這也可能是傳統世界生產者介紹自己的葡萄酒時，費力地去講解酒標所包含的複雜信息，卻未獲得較好的銷售效果的原因之一。

　　在琳琅滿目的葡萄酒貨架上，哪一款葡萄酒能被首先獲得關注，並僅僅依據外貌而被選中；或者在一款葡萄酒被品嘗之後，消費者能夠很容易記住其外貌而回頭，不正是葡萄酒生產者追求的目標嗎！

Tips

法國葡萄酒的酒標上一般包含以下信息：① 酒莊名稱；② 年份（葡萄採收的自然年度）；③ 法國出產（出產國）；④ 酒莊裝瓶（波爾多酒莊級別的葡萄酒，必須在本酒莊完成裝瓶）；⑤ 產地；⑥ 容量；⑦ AOC。

Chapter 3

釀酒

從串串飽滿晶瑩的葡萄，到杯中閃動着寶石紅色或金黃色的葡萄酒，中間經歷了些什麼？

還有那些特殊的葡萄酒——波特酒在釀製中發生了怎樣奇妙的偏離？

為什麼甜葡萄酒被喻為「液體黃金」？

被莎士比亞譽為「裝在瓶子裏的西班牙陽光」的雪利酒又是怎樣釀造的？

葡萄酒釀造的基礎

儘管葡萄酒是在人類無主動意識下產生的——信奉宗教的人士說，那是上帝給予的恩賜，但是，毋庸置疑，葡萄酒品質的極大提升，卻是從人類認識微觀世界之時開始的。1857年法國科學家路易‧巴斯德借助荷蘭人列文虎克發明的顯微鏡，認識了葡萄酒的微觀世界，揭示了葡萄之所以轉變為葡萄酒，是通過酵母的作用，而不是外來的「神力」。葡萄酒之所以會變酸而壞掉，也是由於形體微小的醋酸菌影響。自此，人類在釀造葡萄酒過程中，大大提升了葡萄酒的品質。可以說，葡萄酒發展的歷史長河中最後的這150多年裏，人類的貢獻超過了以往全部過程——但是此前的那個過程是不能取代的。

葡萄是在什麼條件下如何轉化為不同類型的葡萄酒的呢？

環境對葡萄酒釀造的影響

自然界中，任何事物的產生，都離不開環境的影響，葡萄酒也不例外。先不談環境條件對葡萄酒原料——葡萄的影響，在由葡萄轉變為葡萄酒的過程中，環境因素對葡萄酒的品質也會產生至關重要的影響，其中溫度以及衛生條件的影響最為顯著。

溫度

葡萄酒是一種自然的產物。

葡萄成熟於涼爽的秋季。果實破碎後表皮上的酵母在這種涼爽的溫度下，將果汁中的糖轉化為酒精。在夏季，酵母也可以啟動發酵，但發酵是一個產熱的過程，如果環境溫度過高，發酵產生的熱量

不能向環境中散失，發酵中的酵母在其使命完成前就會因為溫度過高（超過35℃）而死亡。涼爽的秋季，這種現象幾乎不會發生，以至於今天人們在釀造葡萄酒時，總是要考慮溫度的人工控制——甚至在溫度過低（低於14℃）時還會進行人工加熱。

酒精發酵結束後，氣溫進一步降低，葡萄酒也「正好」需要一個低溫澄清的過程，借助冬季的低溫，葡萄酒中懸浮的各種固體顆粒物（酵母殘體、果渣等）在低溫下沉降出來，葡萄酒由渾濁逐漸變得清亮起來。

環境衛生

這裏所說的環境衛生，肯定包括各種灰塵以及污染物對葡萄酒的影響，對這些視覺可見的雜物影響，心智正常的釀酒師總是會有辦法加以避免；但是，有害微生物的影響，卻會讓釀酒師一不小心就會中招。

能夠對葡萄酒產生影響的微生物可分為兩大類別：真菌和細菌。

酵母就是一種真菌，酵母的種類很多，並且在自然界中廣泛存在，在一個特定老葡萄園中，經過自然的長期選擇酵母的類型也會相對穩定，這也是「風土」特徵的一部分。

現代葡萄酒釀造，更傾向於使用經過嚴格人工篩選的優種酵母。有害的真菌主要是各種黴菌，灰黴主要通過腐爛的果實影響葡萄酒的品質。這種影響可以在葡萄園中加以避免。而在酒窖中還有其他的有害真菌，如黑黴菌等各種黴菌，利用噴濺散落的果汁等作為營養，在酒窖的各個角落以及通過酒桶等各種木製容器，給酒帶來不良的氣味。

細菌在葡萄酒中也廣泛存在，有益的如乳酸菌——可以將葡萄酒中口感尖銳、不穩定的蘋果酸轉化為具有宜人的香氣、口感柔和的乳酸。但是如果這種菌發酵過度，也會利用蘋果酸以外的底物給酒帶來苦味等不良口感。並且，適合乳酸菌生長的條件，也是有害的醋酸菌等其他細菌類微生物適宜繁殖的條件。酒種如果出現醋味、汗味、馬廄味等，都是這個原因引起的。

因此，保持釀酒環境的衛生，不僅是為了視覺的愉悅，也是提升葡萄酒品質的基本要求。

設施條件

葡萄酒發酵需要在用必要的設施搭建的人造環境中進行，簡單地說就是廠房。葡萄酒釀造需要的廠房主要構成為：原料處理區、發酵區、陳釀儲酒區/酒窖、灌裝區以及成品庫房等，各個區域功能不同，建設條件也就有所區別。

① 原料處理區

需要開放的空間，便於原料快速進出，是一個比較髒亂的區域，通常規劃於總體建築視覺的中心以外。

② 發酵區

需要採光與通風良好，因為發酵過程中會產生二氧化碳。為了避免環境中聚集過高濃度的二氧化碳，發酵區需要良好的通風設施，甚至強制通風的設施，並且要絕對避免與地下區域直接連通，避免二氧化碳沉降積累。

③ 陳釀儲酒區／酒窖

陳釀區域，需要冷涼的條件，不需要過強的光照，如果是木製容器，還需要特定的環境濕度。

④ 灌裝區

在灌裝區對葡萄酒進行穩定、澄清、過濾以及灌裝，該區域需要良好的衛生保障。

⑤ 庫房

存放成品的區域，需要低溫、相對避光、避免乾燥、遠離異味等條件。

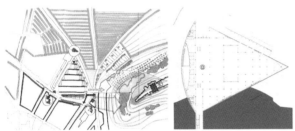

▲ 酒莊平面佈局示意圖

葡萄酒釀造設備

除去運載原料與成品的箱筐以及車輛，葡萄酒釀造過程中，需要下類設備：

原料處理設備

原料處理設備主要包括分選平台、除梗機、破碎機、原料輸送泵以及壓榨機。

① 分選平台

即使是手工採摘的葡萄，採收工在掌握標準時仍然會有差異。所以，運送至廠房等待發酵的原料，仍然需要人工再次挑選。分選平台，其實就是一個傳送帶，將葡萄果穗平攤在傳送帶上，由分列於兩旁的挑選工進行手工挑選。

有些資金雄厚的精品酒莊，還會進行一次除梗後的逐粒挑選。

② 除梗機

入選的果穗，進入除梗機，除梗機內有兩個組件——中央轉軸，其上是按照螺旋形均勻分佈的攪動側杆，外部配有篩狀圓桶，兩個部件呈相反轉動，果粒被「擼」下來，由重力作用自篩網孔落下，而枝丫的果梗只能在中央轉軸上的側杆推動下水平移動排出，這就完成了果梗與果粒的分離。

③ 破碎機

除梗後的果粒經破碎機適度破碎，方能進入發酵罐，破碎的目的是為了榨出部分果汁並將果肉外露，增加酵母接觸糖分的機會，以利於促進發酵。

破碎機結構很簡單，就是一對相對轉動的齒狀橡膠輥子，將果粒擠壓破碎。

也有的酒莊不進行果粒破碎，而是整粒入罐發酵。完整果粒過多，會增加發酵不徹底、揮發酸含量高的風險，對發酵管理技術要求較高。

④ 原料泵

經過破碎的果粒，頃刻轉變成了果汁、果肉、果皮以及種子的固液混合物，有時也稱為「醪」，輸送這樣的混合物，需要特殊的泵，不易被堵塞，又適應頻繁開停。

⑤ 壓榨設備

壓榨設備俗稱壓榨機，在白葡萄酒、桃紅葡萄酒以及起泡葡萄酒釀造時用於壓榨果實；而紅葡萄酒釀造時又可以用於壓榨皮渣，主要有螺杆式連續壓榨機、框式垂直壓榨機、氣囊壓榨機等不同類型。

▲ 精品酒莊前處理設備

▲ 大規模生產的前處理設備

▲ 手工粒選

▲ 破碎機

▲ 手工穗選

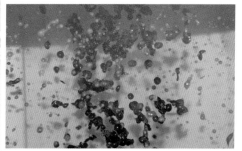

▲ 果粒破碎

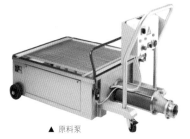

▲ 原料泵

▲ 螺杆式連續壓榨機

▲ 框式垂直壓榨機

螺杆式連續壓榨機工作效率較高，但是對種子破碎率較高，因此壓榨質量不高。

框式垂直壓榨機壓榨質量好，但是裝卸較為費事，多為精品酒莊選用作紅葡萄酒釀造中的皮渣壓榨。

氣囊壓榨機的壓榨動力來自於高壓的氣囊，壓榨柔和，通常可以做成封閉式外膽，可以避免果汁接觸空氣，避免氧化，通常是白葡萄酒釀造首選原料壓榨設備。

▲ 垂直木製框式壓榨機（香檳酒釀造前壓榨）

▲ 白葡萄壓榨

▲ 傳統的木製框式壓榨設備

▲ 皮渣壓榨

▲ 木製發酵罐及罐內部

▲ 水泥發酵罐

▲ 不銹鋼發酵罐

發酵容器

按照材質區分，發酵容器可以分為三種類型：

木製發酵罐：通常使用橡木材料，容量為幾噸，或者是白葡萄酒發酵使用的幾百升容量的小桶，往往在相對冷涼的地區使用較多。這種容器往往清理比較麻煩，在規模生產中越來越少使用。

水泥發酵罐：這種發酵罐的骨架由水泥等構成，內塗食品級的樹脂材料，這種罐的造價低、保溫效果好，但是內膽需要經常更新，衛生保持難度大，在新建酒廠中少有使用。

不銹鋼發酵罐：新建造的葡萄酒廠往往採用不銹鋼發酵罐，這種材質強度大，易於保持衛生，方便控溫又不會與酒發生物質交換。

按照使用目的不同，發酵罐區分為紅葡萄酒發酵罐和白葡萄酒發酵罐兩種類型。紅葡萄酒與白葡萄酒發酵主要的區別是是否帶有皮渣，因此要求所使用的發酵罐結構也就有所區別。

紅葡萄酒發酵罐為了方便發酵結束後排渣，通常罐門要直通至發酵罐最底部，並且罐內出酒閥口處要有篩網，以免堵塞。

白葡萄酒發酵罐(也可用於桃紅酒發酵)為了分離酒泥，罐底往往是錐形的。

存儲與陳釀容器

儲酒罐的外形與白葡萄酒發酵罐類似，不同之處是沒有控溫的結構，而且罐容往往較大，呈細高狀。

陳釀工藝還會使用橡木桶，橡木桶的容量規格以225升居多，橡木桶陳釀主要有三個方面的優勢：首先，單體容量小，利於澄清。其次，橡木與不銹鋼材料相比，具有通氣性，透過的微量氧氣促進葡萄酒成熟。最後，橡木經過烘烤，具有特殊的風味，經過橡木桶陳釀的葡萄酒還可以增添橡木的風味。

▲ 紅葡萄酒發酵罐

▲ 橡木桶陳釀

▲ 白葡萄酒發酵罐

▲ 橡木桶內下膠澄清

▲ 水泥儲酒罐與不銹鋼儲酒罐

▲ 傳統橡木桶箍

— 專題 4 —
橡木桶和軟木塞

● 橡木桶

　　木桶在葡萄酒行業中最早僅是作為容器使用。人類釀造葡萄酒早期使用的容器是雙耳尖底陶器，但是這種容器不便於運輸，之後古希臘時代開始嘗試使用各種木質材料製作盛酒的容器——棕櫚木、松木、槐木、櫻桃木以及橡木先後被加工成葡萄酒桶。由於密封性好、易加工等優勢，橡木逐漸被作為加工葡萄酒桶的主要木材。

　　隨着橡木桶在葡萄酒行業越來越多地使用，人們開始研究橡木桶對葡萄酒的影響。研究發現，橡木桶不僅可以給葡萄酒帶來一些風味及口感物質，由於橡木具有一定的透氣性，還可以給存儲的葡萄酒提供微氧化的條件，這不僅能增加葡萄酒香氣的複雜度，還可以軟化葡萄酒中的單寧。

▼ 橡樹

　　近一個世紀以來，人們仍在針對橡木桶對葡萄酒的影響展開廣泛研究。目前，製作橡木桶的橡木品種、產地、樹齡以及橡木烘烤程度等已成為橡木桶製造商主要關注的技術細節。而對於釀酒師，除了依據上述條件選擇不同的橡木桶外，還會通過調整葡萄酒在橡木桶內存放時間等工藝細節，調整橡木桶對葡萄酒的影響。

▲ 早期的雙耳尖底陶器

烘烤

成桶

斧劈取材

小橡木桶

板材熟化

大發酵或陳釀木桶

熟化後板材成型

發酵過程中使用橡木塊

▲ 剝取栓皮櫟的樹皮

　　製作橡木桶的橡樹通常要樹齡超過百年，橡樹被採伐後，經過斧劈獲得板材——如果鋸板，可能造成木纖維損傷而導致漏酒。橡木板材在一定的濕度環境中進行3年熟化，方能用於加工橡木桶。

　　橡木桶根據傳統以及用途，有不同規格，既有專門用於陳釀的容積225升或300升的小桶，也有能盛放幾噸葡萄酒的發酵或陳釀木桶。

　　由於橡木原料有限，其價格極其昂貴。225升陳釀橡木桶一般每隻7,500~11,000元，一般使用壽命不超過5年。所以，很多生產企業也在研究使用橡木桶替代品——橡木板或者橡木片，如果再結合人工微氧化技術，可以模擬橡木桶陳釀效果，但這一技術不是所有國家都允許使用。

● 軟木塞

目前葡萄酒瓶通常用軟木塞封堵，軟木塞是栓皮櫟(Quercus suber)的樹皮加工而成，這種樹皮的細胞排列規則並且中空，具有很好的彈性。

栓皮櫟播種後大約20年才可以進行第一次樹皮採收，最為奇妙的是，栓皮櫟被剝除樹皮後可以繼續生長，之後，每9或10年可以採收一次。採收後需要在樹體上標注數碼，以防下次錯誤採收。

栓皮櫟皮採收後經過自然晾曬、壓平、清洗消毒、分割，然後銑切成棒狀，再根據客戶需要切割成一定長度的軟木塞——軟木塞多為44毫米或49毫米長，當然也有更長或者更短的規格。

Tips

栓皮櫟林

全世界有 220 萬公頃栓皮櫟林，其中 32.4% 分佈於葡萄牙，22.2% 分佈於西班牙，法國、意大利、摩洛哥等地中海周邊其他國家也有少量分佈。每年軟木塞原料總產量 30 萬噸，其中一半以上產自葡萄牙，1/3 產自西班牙。這些原料的 60% 用於生產葡萄酒瓶塞。

▼ 原料晾曬

▲ 各種酒塞

軟木塞的直徑通常為24毫米，而葡萄酒瓶口內徑為18毫米，灌裝封堵瓶口時，打塞機將軟木塞均勻擠壓至直徑約16毫米，再推進瓶口，軟木塞回彈後封住瓶口。如果打塞機擠壓軟木時不均勻，或者酒瓶口內徑不規則，則會造成漏酒。

軟木塞VS鋁製的螺旋帽

人類使用軟木作為封堵瓶罐的歷史很悠久。但是，全面使用軟木作為葡萄酒瓶的塞子卻不超過 400 年。軟木塞的使用極大地促進葡萄酒品質的提升。自 20 世紀中後期，人們越來越難以接受葡萄酒的「木塞污染」，受污染的酒帶有濕報紙、地窖等黴味，甚至導致葡萄酒果香殆盡。經過研究發現，這主要是由於三氯茴香醚（TCA）污染瓶塞造成的。

軟木塞材料在田間生長受到殺菌劑、除草劑等污染，或者軟木塞原料進行殺菌時使用含氯的化學物質也會造成這種污染。另外，酒窖由於黴變或者使用含氯的化學物質，而造成酒窖的木質構件、橡木桶等污染也是造成這種污染的原因。有調查指出，使用軟木塞的葡萄酒 5%~8% 不同程度地會受到該類物質污染。

因此，葡萄酒界一方面在研究降低軟木塞的污染的方法，另一方面也在致力於尋找軟木塞的替代產品，如高分子材料合成塞、玻璃塞以及鋁製螺旋帽等在 20 世紀後期相繼應用於生產，尤其是鋁製的螺旋帽使用比例越來越大，起初在新世界快速飲用酒中廣泛應用，現在法國的列級酒莊也開始使用。使用螺旋帽可以避免葡萄酒遭受 TCA 污染，葡萄酒瓶可以直立擺放，也不需要專門的開瓶器，具有諸多優勢。

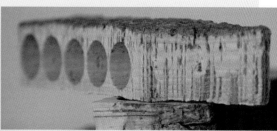

銑切

成品軟木塞

穩定與過濾設備

如果葡萄酒在小橡木桶內經過長時間的陳釀——比如18個月以上，往往自然澄清的效果已經很好，所以有些酒莊對於經過這樣陳釀的葡萄酒，不再進行穩定、澄清、過濾處理，分離桶底的沉澱物後直接裝瓶，並且會在酒標上注明：未經過濾的。

通常，葡萄酒經過適當時間的陳釀後，需要通過下膠、冷凍、過濾等操作，實現澄清與穩定。下膠不需要專門的設備，在儲酒罐內或者橡木桶內即可完成。

▲ 冷凍罐

▲ 板框紙板過濾機

▲ 硅藻土過濾機

▲ 膜過濾機

而冷凍需要專門的冷凍罐，除了具有儲酒罐的基本結構外，冷凍罐需要保溫與攪拌裝置，以實現長時間、均勻地低溫冷凍效果。

下膠或者冷凍的葡萄酒需要經過過濾，才能裝瓶，葡萄酒廠過濾設備主要包括三種類型：

① **板框過濾機**

板框過濾機設備投資少，適用範圍廣，過濾容量在一定範圍內可調，但是，兩次操作的拆卸、安裝比較繁瑣。

② **矽藻土過濾機**

利用矽藻土形成濾餅作為濾媒，分離葡萄酒中的雜質物質，具有過濾周期長、效率高、濁度穩定、密封性好、結構緊湊、操作方便、可移動、易於維護保養，幾乎是所有進行過濾的酒廠必備的過濾設備。

③ **膜過濾機**

膜過濾是食品行業中廣泛應用的過濾分離設備，具有效果可控性好，設備緊湊，佔用空間小等特點，但是因為濾芯價格昂貴，往往作為灌裝前的精濾環節。

灌裝設備

目前，葡萄酒廠使用較多的全自動成套灌裝設備，主要包括洗瓶機、灌裝機、打塞機、縮帽機、貼標機、裝箱機。有些

▲ 移動式葡萄酒灌裝設備

自動化程度高的灌裝線，空瓶上線、裝完箱碼垛等也是自動化設備完成。

當然，自動灌裝不是必須的，滿足上述功能的獨立設備，在生產中也有應用，尤其是對於產量較小，或者酒種、瓶型比較特殊的產品，都可以使用這種半自動設備完成灌裝。

葡萄酒釀造的幾個關鍵點

無論何種類型的葡萄酒，其釀造過程都會涉及以下方面：

防止氧化

使用二氧化硫進行保護，是葡萄酒防止氧化的有效途徑，也是目前在世界葡萄酒行業廣泛使用的一種方法。儘管有些持崇尚純天然的釀造理念者反對使用，但是不使用二氧化硫會增加葡萄汁、葡萄酒被氧化、變質的風險。

二氧化硫還是一種殺菌劑，它能控制各種發酵微生物的繁殖、呼吸、發酵活動。如果二氧化硫濃度足夠高，則可殺死各種微生物。發酵微生物的種類不同，其抵抗二氧化硫的能力也不一樣。細菌最為敏感，在加入二氧化硫後，細菌首先被殺死。其次是尖端酵母(雜酵母)；葡萄酒酵母抗二氧化硫能力則較強。所以，可以通過二氧化硫的加入量選擇不同的發酵微生物。因此，在適量使用時，二氧化硫可推遲發酵觸發，但以後則加速酵母菌的繁殖和發酵作用。

通常，生產中使用二氧化硫的飽和溶液亞硫酸作為直接添加物。二氧化硫在各個國家都有具體使用標準，在目前的科學水平下，按照標準使用，不會造成消費者

▲ 現代化灌裝車間

健康問題。

當然，在一些操作中避免原料或者酒液接觸氧氣，也是防止氧化的具體可行的辦法。

酒精發酵啟動

酒精發酵是在酵母的作用下完成的，只有醪液中酵母達到一定的濃度時，發酵才能開始，如果僅僅利用果皮表面的天然酵母，有些時候過程可能過於漫長，而導致其他微生物的滋生。因此，為了保證酒精發酵順利啟動，現代釀酒師往往使用人工培養的活性乾酵母粉——經過活化後添加至醪液中，溫度合適時，幾個小時內即可觸發酒精發酵。

溫度控制

酵母的活性受溫度的影響，溫度過低(低於14℃)，酵母不能很好進行發酵；相反，溫度過高(高於35℃)，發酵進入危險溫度區，酵母開始死亡。

酒精發酵是一個放熱的過程，在一個特定的發酵體系內，如果不考慮熱量散

失的話，每產生1%酒精，可以使該體系的醪液溫度上升1.3℃，假設某原料經過最終能夠產生13%酒精，起始發酵溫度為20℃，發酵結束時，溫度可能會達到36.9℃，已經進入危險溫度區，考慮發酵體系中溫度分佈可能不均勻，局部溫度會更高，因此發酵啟動後需要觀察並調控體系的溫度。

相反，在採收的末期，氣溫可能會很低，甚至低於10℃。溫度如此低的醪液很難順利啟動發酵，因此需要加溫。

觀測發酵進程

在酒精發酵過程中，隨着基質中的糖轉化為酒精，相對密度逐漸下降至水的相對密度（1.000），最後降至0.992~0.996。

20℃時，相對密度為1.096的葡萄汁完全發酵後可以產生13.1度酒精，因此，發酵的進程可以通過測定果汁的相對密度進行估測。

確定終止發酵時機

當相對密度降至1.0左右時，根據所釀造酒的類型，確定終止發酵（分離）的時機——對於新鮮即飲型葡萄酒，即可分離，而對於需要陳年的葡萄酒，還需要再繼續浸漬果皮一段時間，有時這個浸漬的時間會高達2周。

▲ 收穫

Tips

酒精發酵方程式：

$$C_6H_{12}O_6 \quad 2CH_3CH_2OH + 2CO_2 + 33Cal$$

己糖　　　　乙醇　　二氧化碳　熱量

紅葡萄酒及其釀造

紅葡萄酒的紅顏色來自於葡萄皮中的色素,採用紅葡萄(確切地説是黑葡萄)帶皮發酵,即可獲得紅顏色的葡萄酒。

選擇合適的採收時機

葡萄應何時採收?

葡萄皮中的各種物質不可能全部轉移到葡萄酒中,色素、單寧等酚類物質也不例外,因此如何最大限度地將葡萄皮中的各種風味物質轉移至葡萄酒中,也就成了紅葡萄酒釀造的核心環節。

聰明的釀酒師總是將自己的關注超越酒窖,落眼於葡萄園。在葡萄園裏,釀酒師最為關心的兩個問題是產量和葡萄的成熟度。對葡萄成熟度判定標準,是釀酒師與園藝師經常出現分歧的緣由。

葡萄果實轉色及至果粒出現明顯的彈性,種子也開始轉變顏色,這就是植物學上果實的「成熟」。但是對於釀造葡萄酒而言,這還不夠,仍需要等待一段時間,及至果實表皮變脆、種臍變褐,才是釀酒葡萄完美的「成熟」。如此一來,在等待的過程中,會損失若干數量。再者,這種狀態的果實只能手工採摘,並且必須採用小筐裝載,葡萄園至發酵地距離不能太遠(很多產區以法規的形式限定了葡萄園至發酵車間的距離)。

分揀、除梗、破碎、入罐

成熟完好、細心採摘、小筐裝載的葡萄運至發酵車間時，應當儘快進行分揀、除梗、破碎並入罐。

裝罐之前，釀酒師首先需要獲得重量以及每個批次果實的糖、酸含量以及果汁的pH等基本數據，為後續工藝參數的確定提供依據。

與此同時，釀酒師需要進行罐內預先填充二氧化碳、原料處理的過程中及時添加二氧化硫（此時二氧化硫用量大約在40~60毫克/升）等措施，保護破碎的果實免遭氧化。

入罐結束後，需要進行第一次「打循環」（pomp over），目的是為了「均質」，再次測定罐內發酵醪的糖、酸含量以及pH、溫度、相對密度，一併將上述添加物記載入檔。

添加酵母，發酵

儘管依然有人堅持使用自己培養的純天然酵母，但是目前生產中主要使用的還是活性人工乾酵母。

添加酵母

入罐結束後，通常經過大約12小時，開始添加酵母。確定分量的酵母經過重新活化，添加至發酵醪中，並通過「打循環」將酵母在發酵醪中混勻。

酒帽

▼ 打循環

大量死亡直至發酵終止的風險；因此，發酵罐通常有控溫裝置。

為了使發酵醪液均勻地同步進行，需要經常地進行「打循環」操作，與此同時，也促進了果皮中各種物質的溶出。為了更好地促進果皮物質溶出，有時還進行「壓酒帽」操作。

發酵

酵母添加後，如果溫度合適，在20℃左右，發酵很快啟動。發酵啟動後，如果將耳朵貼近罐壁，能聽到輕微的「嘶嘶」聲，在罐的頂口也能看到「泛泡」現象；發酵醪的相對密度和溫度也在發生變化：相對密度逐漸下降，溫度逐步升高。如前文所述，如果溫度不加以控制，會出現酵母

Tips

「壓酒帽」採用手工工具或者機械，將發酵罐頂部形成的緊實的酒帽壓鬆散的一種操作。

德美說

即使排污閥沒有酒流出，有經驗的操作人員也會用手指敲擊罐壁，以判斷罐內是否因為閥門被堵塞而仍然留存有酒。2001年，我在寶瑪酒莊（Palmer）工作時，一天已經過了午餐時間，酒窖的工作人員克勞德讓我配合他打開罐門，為午飯後除皮渣做準備。罐門打開瞬間，大量的酒液噴湧而出，給我一個結結實實的淋浴！我至今還保留著那件上衣，並清楚地記得那天下午，克勞德一直在念叨：如果是在布根地，就慘了。因為布根地酒莊往往很小，損失幾瓶酒都會令人揪心的。

在大規模生產中，除皮渣的操作可借助設備進行自動化操作，但是，那些精品酒莊往往罐體容量較小，因而採用人工除皮渣，這是酒窖中最重的一項體力勞動。當年在Plamer酒莊工作，全部45公頃葡萄園的葡萄釀酒後的皮渣，就是由本人和同學本杰明完成的，至今記憶猶新。勞作增強了記憶。

清酒閥

排污閥

發酵過程中，「相對密度逐漸下降，溫度逐步升高」只是一種表象，而醪液內部發生了物質的變化：首先糖被酵母轉化為酒精，與此同時還有大量的發酵副產物形成，如甘油、乙醛、乙酸、琥珀酸、乳酸、酯以及高級醇。

發酵結束

當發酵結束時（醪液相對密寬達到0.997以下時），如果原料質量足夠好，為了獲得經年耐儲的葡萄酒，還需要繼續帶皮浸漬一段時間，時間長短根據品嘗確定。因為葡萄皮中的單寧物質易溶於有機溶劑，只有當發酵開始，酒精出現時才開始溶出。換言之，單寧的溶出與發酵相比有滯後性。此期間，要盡量少攪動罐內醪液，保持酒帽上部濕潤的狀態，「噴淋」多採用封閉式。

壓榨

發酵結束後即可進行分離，從清酒閥（上圖中高處閥門）借助重力放出來的酒，被稱為「自流酒」，當排污閥不再有酒液流出時，即可打開罐門進行除皮渣。

皮渣中還吸附有大量的酒，因此需要對皮渣進行壓榨，即「壓榨酒」。壓榨酒要單獨保存。

即使出自同一發酵罐，自流酒與壓榨酒也會有很大的差別。

自流酒與壓榨酒的不同如下：

自流酒	壓榨酒
酒精度相對高	酒精度相對低
澄清度相對好	澄清度相對差
顏色相對淺	顏色相對深
乾浸出物相對少	乾浸出物相對多
香氣相對複雜濃郁	香氣相對弱

葡萄酒的蘋果酸 - 乳酸發酵

一個世紀以前，葡萄酒的發酵工藝至壓榨就已經結束了。

但是，發酵至這個階段的葡萄酒仍然會發生一些細微的變化——蘋果酸 - 乳酸發酵。第一個注意到這一發酵的是巴斯德（微生物學家，葡萄酒現代工藝的奠基人），並且他把這一現象與在牛奶中觀察到的結果進行了比較。

到了1914年，瑞士的兩位葡萄酒工作者米勒‧圖高（Muller Thurgau）和奧斯特沃德（Osterwalder）才將這一發酵定名為「蘋果酸 - 乳酸發酵」。1945年以後，很多葡萄酒工作者和微生物學家對這一現象進行了深入的研究，取得很大的進展，並導致現代葡萄酒釀造基本原理的產生。

根據這一原理，要獲得優質紅葡萄

乾浸出物

葡萄酒中非揮發性物質總和，包括游離酸及其鹽、單寧、色素、果膠質、糖、礦物質等。乾型葡萄酒中乾浸出物的平均含量為 17~30 克 / 升。

酒,首先,應該使糖被酵母菌發酵,蘋果酸被乳酸細菌發酵,但不能讓乳酸菌分解糖和其他葡萄酒成分。其次,應該儘快地使糖和蘋果酸消失,以縮短酵母菌或乳酸細菌繁殖同時繁殖的時期,因為在這一時期中,乳酸細菌可能分解糖和其他葡萄酒成分,卑諾(Peynaud)將這一時期稱為危險期。再次,當葡萄酒中不再含有糖和蘋果酸時(而且僅僅在這個時候),葡萄酒才算真正生成,應該儘快地除去微生物。

蘋果酸-乳酸發酵啟動受溫度、酒中二氧化硫含量、酒精度以及酒的pH等因素影響。通常,在酒精發酵結束後,葡萄酒中二氧化硫含量已經很低,酒精度以及酒的pH等條件都比較適合蘋果酸-乳酸發酵的啟動。但是,此時自然氣溫已經很低,往往溫度就會成為制約蘋果酸-乳酸發酵的主要因素。要使蘋果酸乳酸發酵順利進行,最好使酒的溫度提升至18~20℃。

葡萄酒的「調配」

「調配」,法語中Assemblage,有時也稱為Coupage,對應英語為Blending,是葡萄酒釀造工藝中的重要環節。拋開葡萄酒工藝,字面的意思可以理解為「混合」之意。

「調配」就是將不同批次,因品種、產地、地塊、前工藝、年份等而區分的葡萄原酒,根據其自身特點、目標成品要求以及各批次原酒的量,按照適當的比例製成具有特點、特色的葡萄酒,是葡萄酒工藝中的重要環節。如果說葡萄種植技術決定了葡萄酒的先天質量,那麼,「調配」則是葡萄酒質量的後天表達系列工藝中的重點。

簡而言之,「調配」是為了加強或減弱原酒的某些特點,最終使酒變得更好,如使酒符合標準、酒體平衡、風味豐富、經濟上最優化。另外,在一定的限度內糾正原酒缺陷,也是調配目標之一,如原酒過酸或酸偏低,酒精度過高或過低,單寧不足或過強,風味過於平淡,等等。但是,對於存在嚴重缺陷的酒,是無法用調配來修正的。有時候,某些風味過於濃烈的葡萄品種,常用一些平淡的品種加以稀釋,使之怡人、可口。

「調配」,首先要對不同批次原酒進行評價,分別作出理化評價、技術評價和感官評價,前兩者是輔助,後者為主要的方式。理化評價內容包括葡萄酒當前的基本理化指標,如揮發酸、總酸含量、酒精度,以及pH等。技術評價內容包括葡萄生長發育過程、葡萄採收時質量狀況、發酵管理技術以及每批次原酒的數量等。感官評價不同於儀器分析,需要具有相當水平的品評人員組成品評小組,對不同批次原酒進行視覺、嗅覺以及味覺等方面綜合評價,然後由釀酒師最終決策。可見,釀酒師以及品評小組的感官經驗、水平對於葡萄酒調配相當重要。

伯瑞香檳釀酒師賽埃瑞●賈思克（Champagne Pommery,Thierry Gasco）

▲ 調配

量可能存在差異，為了減少葡萄質量差異對葡萄酒質量的影響，釀酒大師採用「獨立地塊獨立發酵」技術，獨立發酵可以針對葡萄不同的質量特點進行專門的發酵管理。發酵後，將這些原酒進行調配，使得質量統一與穩定，如在法國布根地產區紅、白葡萄酒都是採用單品種釀造。

不同產地原酒間調配

一般情況下，不同產地的葡萄酒不進行調配，因為在歐盟原產地保護體系下，產品原料來源必須與標注產地相符。如標注有 Appéllation Bordeaux Controlée（限制原產地命名）的，必須100%產於波爾多地區。而標注有地區餐酒（Vin de Pays de France）的葡萄酒必須產於法國。當然，原料可以來自於法國不同產區。而對於標注有普通餐酒（Vin de Table）更為寬鬆，原酒甚至可以是來自於不同國家。

可見，來自於不同產地的原酒只能用於調配成比其原產地低一級的產地標識葡萄酒。在法國有一種葡萄酒商（Négociant-éleveur）的經營模式，大量的工作就是調配。他們採購葡萄、葡萄酒，生產自己品牌的產品。為了保障質量的提升、穩定、批次間一致，需要進行大量的調配工作。

葡萄酒調配一般可以分為以下幾種：

不同品種原酒間的調配

不同的葡萄品種具有各自的特點。採用不同品種釀製的原酒進行調配，可以相互彌補，強化葡萄酒的個性風格。如在波爾多地區，無論是紅葡萄酒還是白葡萄酒都是採用多品種釀造、調配而成，而在法國南部著名的教皇新城產區高達13個法定品種，是多品種葡萄酒的極端個例。

同品種、不同批次原酒間的調配

為了質量的穩定與統一，即使單品種葡萄酒也需要進行調配。在不同葡萄園或同一葡萄園的不同地塊上生長的葡萄質

德美說

Assemblage

中文中有人將 Assemblage 譯為「勾兌」、「調配」、「摻混」、「摻和」等。「勾兌」一詞由於在中國傳統的白酒工藝中廣泛使用而被中國人所熟悉，容易使人聯想到「兌水」、「兌香精」等。「摻和」與「參合」諧音，偏於貶義。有部分台灣人使用「摻混」一詞，另外，中文中「摻」與「攙」近意，使人易於聯想到「攙假」、「攙水」等。

不同年份原酒間的調配

一般情況下，高檔葡萄酒不混合不同年份的葡萄酒。但是，作為極個別的特例，如法國的香檳酒（Champagne），西班牙的雪利（Vinos Jerez/Sherry /Xérès），可以採用不同年份的原酒進行調配。

不同橡木桶培養的葡萄酒調配

橡木桶和葡萄一樣，既存在品種間的差別，也存在產地間的差別。另外，個體間差別也是顯而易見的，如法國橡木、美國橡木以及匈牙利橡木存在顯著的差別。

葡萄酒在橡木桶內培養時間的長短，也會顯著改變葡萄酒的風格。因此，需要對這些由於橡木桶因素造成的不同風格的葡萄酒特色進行精心調配，方能造出高質量的葡萄酒。

對於大多數葡萄酒企業來說，調配葡萄酒可能涉及上述方法中的多種。「調配」不是簡單的原料加、減，調配工作只有原則，沒有一成不變的配方，就如同藝術的表達。

葡萄酒陳釀

發酵結束後剛獲得的葡萄酒酒體粗糙、酸澀，飲用質量較差，通常稱之為生葡萄酒。生葡萄酒必須經過一系列的物理、化學變化以後，才能達到最佳飲用質量。

在適當的貯藏管理條件下，人們可以觀察到葡萄酒的飲用質量在貯藏過程中的變化規律：開始，隨着貯藏時間的延長，葡萄酒的飲用質量不斷提高，一直達到最佳飲用質量，這就是葡萄酒的成熟過程。此後，葡萄酒的飲用質量則隨着貯藏時間

▲ 年輕的酒（左）和陳化的酒（右）

的延長而逐漸降低，這就是葡萄酒的衰老過程。因此說，葡萄酒是有生命的，有其自己的成熟和衰老過程。瞭解葡萄酒在這一過程中的變化規律及其影響因素，是正確進行葡萄酒貯藏陳釀管理的基礎。

葡萄酒在陳釀的過程中，其酒精、總酸以及糖分基本不會發生變化，發生的變化主要表現在色澤、香氣以及單寧的口感。

色澤和口感的變化

在葡萄酒的貯藏和陳釀過程中，單寧和花色素苷不斷發生變化，包括氧化、聚合、與其他化學成分化合等。氧氣促進這些反應，而二氧化硫則抑制這些反應。由於氧化作用，葡萄酒中花色素苷單體部分由於氧化而沉澱，還有一些與單寧結合。此兩種變化都會造成花色素苷呈現的色澤發生變化——酒由原先的鮮亮紫紅色轉變為紅色或棕色，但是這種由花色素苷與單寧聚合體所呈現的色澤是相對穩定的；同時，單寧也在發生着一些微妙的變化，原來生澀的單寧單體逐漸聚合為分子量更大的單寧聚合體，此變化帶來的口感變化就是：口感順滑，不再生澀。

▲ 凹陷的瓶底

香氣變化

香氣變化也是陳釀中發生變化的主要表現。

在生葡萄酒中，應區別兩種香味，即果香和酒香。果香，又叫「一類香氣」或「品種香氣」，是葡萄漿果本身的香氣，而且隨葡萄品種的不同而有所變化。它的構成成分極為複雜，主要是萜烯類衍生物。酒香，又叫「二類香氣」或「發酵香氣」，是在酵母菌引起的酒精發酵過程中形成的，其主要構成物是高級醇和酯。

在葡萄酒陳釀過程中形成的醇香，又叫「三類香氣」或「醇香」，是生葡萄酒中香味物質及其前身物質轉化的結果。醇香的物質非常複雜，是因為其形成是一個非常長的變化過程。一方面，當葡萄酒在大容器中陳釀時，是在有控制的有氧條件下進行；另一方面，葡萄酒陳釀是在瓶內完全無氧條件下進行的。一些新的香氣，如林中灌木、雜草氣味、動物氣味等，通過這些變化形成。有的氣味是只在開瓶時才形成的。它們只出現在適於陳釀因而濃厚、結構感強的葡萄酒中；它們是葡萄酒包括揮發性物質以外的其他成分深入的化學轉化的結果（酯化、氧化還原作用等）。由生化作用形成的醛、醇和酯都在葡萄酒的香氣中起作用。

葡萄酒裝瓶後的沉澱

葡萄酒是一種高度複雜的混合物，也可以說是一種膠體溶液。隨着保存時間的延長或者保存條件發生較大的變換，原先溶解狀態的物質，就會有結晶釋出，就是我們通常說的沉澱。酒石(酒石酸氫鉀)沉澱是最常見的一種。葡萄酒中酒石酸氫鉀的溶解性主要受溫度、酒精含量和pH的影響。溫度越高、酒精含量越低，pH越接近3.5，酒石酸氫鉀的溶解性就越大。

色素與單寧經過氧化後，也是形成沉澱的主要物質來源。

葡萄酒裝瓶並經過一段時間儲存後，或多或少都會出現顆粒狀、粉末狀或者片狀的沉澱物，這是一種正常的現象，尤其是一些沒有經過冷凍、過濾的葡萄酒，沉澱更是明顯，葡萄酒瓶的底部做成凹陷狀，也是為了便於收集、分離這些沉澱物。

▼ 陳釀形成的醇香類型

▼ 瓶內沉澱

白葡萄酒及釀造——白葡萄酒不一定由白葡萄釀造

紅葡萄酒一定是紅葡萄釀造的，但是白葡萄酒不一定是白葡萄釀造的。

白葡萄酒其實不是白色的。「白」只是相對於紅葡萄酒的「紅」而言，白葡萄酒往往具有禾稈黃、淺金黃的色澤，年輕時還會泛有微微的青綠色調，而陳年後（假如適合陳年的話），「黃」的色調會越來越重，直至金黃色、琥珀色（通常是甜型白葡萄酒）。

用紅葡萄釀造出白葡萄酒

　　世界上的葡萄品種8000多個，但是絕大部分品種的果肉是白色的，僅有少數葡萄的果肉為紅色的，果肉為紅色的葡萄僅在新世界國家允許用於釀酒。因此，理論上說，只要果肉為白色的葡萄品種，都可以用來釀造白葡萄酒。但是，在實踐生產中，考慮工藝控制與成本核算，即使採用紅色品種釀造白葡萄酒，也僅限於用那些色澤偏淺的、真正的「紅」葡萄，與釀造紅葡萄酒的「黑」葡萄相區別。

原料採收、壓榨

　　釀造白葡萄酒的原料採收後，必須儘快壓榨、取汁，全過程中應當嚴格把控防止氧化，因此，釀造白葡萄酒的原料採收不似紅葡萄酒原料採收時成熟度標準，通常不像紅葡萄充分成熟後再採摘，而是略早些時候開始採摘，

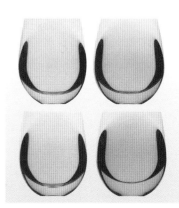

以保持原料中足夠的酸度。採用紅葡萄釀造白葡萄酒時更是如此，如果採摘過晚，果皮中的顏色物質會在壓榨時過多地進入果汁中，給後續工藝帶來不便。

　　白葡萄壓榨有帶果梗壓榨和除梗壓榨兩種形式。

Tips

提高釀酒的品質

帶果梗壓榨容易出汁，尤其是採用框式壓榨機時。而除梗壓榨，可以減少果梗帶來的生青氣息，比較適合自動程序控制的氣囊壓榨機。有時也會將已經除梗的果粒、果汁混合物，在控制低溫條件下浸皮一段時間，具體時長需要根據原料品質狀況決定，經過低溫浸皮，果皮中的風味物質更多地進入果汁中，可以提高所釀造酒的品質。

▲ 冷浸漬

— 專題 5 —
從紅到白的葡萄酒魔法

● 紅變白的秘密

紅顏色的葡萄果實卻釀就晶瑩的白葡萄酒，手法其實並不複雜。葡萄果肉是沒有顏色的，色澤主要來自於葡萄果皮，也就是說，紅變白的關鍵在於——去皮發酵。

黑皮諾（Pinot Noir）、莫尼耶皮諾（Pinot Meunier）、灰皮諾（Pinot gris）、瓊瑤漿（Gerwurztraminer）、曾芳德（Zinfandel，又名仙粉黛）、玫瑰香（Muscat Hamburg）、龍眼（Dragon eye）等，這些紅顏色，或粉紅色的葡萄品種經常參與到紅變白的「魔術」中。

用於釀造白葡萄酒的紅葡萄（除了曾芳德以外）有一個共同的特點，其生長所需要的物候期較短，或者說它們都是早熟品種，適合在冷涼地區種植（或者說在冷涼地區只能種植這些早熟的品種），這些品種往往著色相對較淺，單純釀造紅葡萄酒其色澤以及單寧含量過低，品質不盡如人意，所以也就有人嘗試用其釀造白葡萄酒。相比較而言，舊世界這樣做比較多。

這些葡萄品種所釀之白葡萄酒，除了具有一般白葡萄酒的基本特點，如酸度較好，口感清新外，通常在口感中結構感突出，往往可以發現一些口感較長的酒。

用紅葡萄釀造白葡萄酒名氣最大的酒種，當屬香檳地區採用黑皮諾或莫尼耶皮諾釀

| 龍　眼 | 莫尼耶 | 瓊瑤漿 |
| 玫瑰香 | 黑皮諾 | 曾芳德 |

灰皮諾

造的白香檳。而最知名的產區當數法國亞爾薩斯,這裏用瓊瑤漿釀造的遲採甜型葡萄酒享譽世界。此外還有用顏色呈粉紅或淡紅的灰皮諾釀造的白葡萄酒。

另外,意大利東北部的弗留利(Friuli),採用灰皮諾(在這裏稱其為 Pinot Grigio)釀造白葡萄酒;中國天津王朝公司,採用茶澱出產的玫瑰香釀造半乾白;河北沙城長城葡萄酒公司,利用當地原產的龍眼葡萄釀造半乾白,這些也是用紅葡萄釀造白葡萄酒的典型代表。

• blanc de noirs

在香檳酒的酒標上有時會看到這麼一行字:blanc de noir,意思是用黑葡萄釀造的白香檳葡萄酒。

眾所周知,根據法律規定,釀造香檳酒的葡萄只有三種——黑皮諾(Pinot Noir)、莫尼耶皮諾(Pinot Meunier)和莎當妮(Chardonnay)。前兩者為紅葡萄品種,香檳酒只在這三個品種中創意組合調配而成:有的是三個品種都使用,有的則是選用其中兩個品種,有的僅使用莎當妮一個品種釀製而成,這種香檳被稱作白中白(blanc de blancs)。

blanc de noirs,也被稱為黑中白,是採用黑皮諾(Pinot Noir)、莫尼耶皮諾(Pinot Meunier)兩個紅色葡萄品種之一,或者二者共同釀製的白香檳。香檳酒中的黑皮諾是為了給香檳增強香氣與口感的複雜度,並提升其陳年潛力。

紅葡萄品種所釀之酒的陳年潛力,以及是否利用橡木桶,取決於種植狀況和釀酒師的釀酒手法,不能一概而論。但是作為白葡萄酒,通常需要在酒相對年輕時飲用。

白葡萄酒獨特的發酵

白葡萄酒釀造獨特之處，從原料處理就已經充分表現出來。

經過壓榨獲得的果汁分為自流汁與壓榨汁，通常分開保存。獲得的果汁首先進行澄清，這時已經添加了適量的二氧化硫以及果膠酶，在控制的低溫下（不能高於14℃）進行澄清，分離掉壓榨帶來的一些果泥等固形物，以免發酵後帶來不良風味。

白葡萄酒發酵在相對低的溫度下進行，低溫發酵所形成的香氣組成與相對高溫發酵所形成的香氣不同，更為複雜。再者，低溫也有利於保持這些形成的香氣不易散失。儘管通常白葡萄酒發酵的建議溫度為18~20℃，但是，越來越多的釀酒師採用14~17℃變溫發酵白葡萄酒。

白葡萄酒發酵的獨特之處是：發酵啟動後，由於罐內沒有酒帽，因此不需要經常地進行「打循環」，對於白葡萄酒發酵工藝中的「打循環」只是為了「透氣」和「均質」。

酒精發酵結束後，白葡萄酒往往不進行蘋果酸-乳酸發酵，以保持葡萄酒良好的酸度、清新的口感。也有一些釀酒師對自己所釀造的白葡萄酒進行部分的蘋果酸-乳酸發酵，在調配時，把經過和未經過蘋果酸-乳酸發酵的葡萄酒調配在一起，這樣做既保留了其清新的酸度（未經蘋果酸-乳酸發酵那部分的特色），也豐富了酒的

▼ 白葡萄酒壓榨取汁

香氣與口感（經過蘋果酸-乳酸發酵那部分的特色）。

個別白葡萄酒也有陳年能力

白葡萄酒通常是適合年輕即飲的，因此往往不具有太強的陳年能力。但如波爾多、布根地出產的一些白葡萄酒，也具有很好的陳年能力。

白葡萄酒在大罐或者小桶內進行陳釀，風味會發生一些變化。

如果將白葡萄酒在橡木桶中貯藏，一方面葡萄酒進行緩慢氧化，另一方面，橡木中所含的單寧等物質進入葡萄酒。這兩方面的作用會引起白葡萄酒的下列變化：

滋味

果香味逐漸減弱、消失，陳釀味特別是哈喇榛子味逐漸出現並加重。如果哈喇榛子味較淡，則是使人很愉快的香味。因此，只有少數具有特殊風格的名牌葡萄酒對陳釀味有所要求，但由木桶和氧化所帶來的特點不能過於明顯。

顏色

顏色逐漸加深，呈黃色、金黃色甚至帶褐色。這是由於在有氧條件下黃酮類被氧化，繼而形成棕色色素。所以除少數特殊的白葡萄酒外，在裝瓶以前，應嚴格防止氧化作用。

需指出的是，如果白葡萄酒的貯藏條件過於封閉，會阻止

▼ 測定酒中二氧化碳壓力

由發酵形成的二氧化碳的釋放。與紅葡萄酒一樣，在每次裝瓶以前應測定，如果需要，還應調整白葡萄酒的二氧化碳含量。乾白葡萄酒二氧化碳的最佳含量約為 0.5~0.7 克／升。但是不能絕對化地一概而論，比如意大利北部生產的灰皮諾（Pinot Grigio）以及葡萄牙西北部出產的綠葡萄酒（Vinho verde）通常在靜止葡萄酒中含有比較多的二氧化碳，開瓶時會看到微微的起泡現象。

白葡萄酒裝瓶後為何會發生渾濁

白葡萄酒裝瓶後，由於保存環境條件的變化，可能會出現渾濁、沉澱等現象。與紅葡萄酒不同，在白葡萄酒中出現渾濁、沉澱很難令消費者接受，除非是甜型葡萄酒中的酒石結晶沉澱。白葡萄酒發生這種變化，主要是以下原因造成的：

蛋白物質含量過高

蛋白質在遇熱等情況下會發生絮凝而沉澱，所以在出廠時，應對白葡萄酒進行蛋白穩定實驗，以確保葡萄酒的品質。

微生物瓶內發酵

葡萄酒中含有微量的酵母菌、醋酸菌以及乳酸菌屬於正常現象，因為過於嚴格的過濾，會顯著降低葡萄酒的風味品質。另外，這些微生物對於消費者沒有健康危害。但是，當儲存的溫度過高以及酒中的保護物質逐漸減少，這些微生物會利用酒中的營養物質重新繁殖發酵，而造成出現渾濁的現象。

銅破敗病

在葡萄種植過程中，經常會使用含有銅的殺菌劑防治葡萄園內的病害，即使有機葡萄園也允許使用。因此，在葡萄酒中含有銅離子屬於正常現象，這些銅離子也不會給消費者帶來健康影響。但是，如果將葡萄酒瓶置於陽光或者高溫條件下，銅離子會被還原為亞銅離子，而呈現棕紅色沉澱。

通常，葡萄採收前至少 3 周時間會嚴格控制銅製劑使用。葡萄酒裝瓶時，還要進行銅穩定實驗。

德美說

是《醇酒醋男》還是《酒質受損》？

一部葡萄酒題材的電影《醇酒醋男》（《Bottle Shock》），既沒有《酒佬日記》（《Side Ways》）細膩、深沉的情感跌宕，也沒有《真愛的風采》（《Walk in the Clouds》）宏大、美麗的場景。這是一部歡快、清新的勵志片，在經濟危機中，宛如一杯輕鬆、清新而甜美的、著名的意大利起泡酒阿斯蒂（Asti），令人感到美好、幸福。

《Bottle Shock》的故事：1976 年，居住法國的英國酒商史蒂文·斯布瑞爾（Steven Spurrier，現為 Decanter 雜誌的編輯顧問），為了挽救自己酒屋業務的頹勢，創辦一次葡萄酒大賽。另外一方面，作為一個外國人，更能冷靜地看待法國葡萄酒界所面臨的危機，尤其是他訪問加州，看到加州葡萄酒界正在發生的一些深刻

變化。然而法國人卻仍然躺在歷史與傳統中大睡，也促成了他創辦這次比賽的意願，由法國著名的葡萄酒專家盲品出產於加州的和法國的葡萄酒，即揭蓋酒標等能看出葡萄酒出產品種等信息的標誌物，對酒進行品評。

▲ 酒佬日記　　▲ 真愛的風采

最終，普遍不被人看好的加州葡萄酒在紅、白兩個組別中，都是力拔頭籌。此次大賽是被葡萄酒界，尤其是新世界葡萄酒人津津樂道的巴黎葡萄酒世紀大賽。

其實以葡萄酒為題材的電影不少見，除了開頭提到的兩部影片外，康城電影節曾經推出的《美酒家族》（《Mondo Vino》）也為葡萄酒愛好者所熟悉，《Mondo Vino》以紀錄片的手法，詳細完整地反映了法國葡萄酒界所執著堅持的理念，更被美國評論家認為這是一部舊世界國家探索如何對抗全球

▲ 醇酒醋男

化、宣揚反美主義的影片。那麼，《Bottle Shock》的推出，是不是針對這樣的背景，刻意為美國葡萄酒業打氣的葡萄酒題材影片？

《Bottle Shock》中故事主人公，Montelena 酒莊主人，在酒莊經營困難、銷售一籌莫展之時，又發現新釀製的霞多麗（Chardonnay）白葡萄酒變為粉紅色而心灰意冷，他蜷縮在酒窖的酒箱之間，灰心喪氣地手拎着酒瓶。而一直有些叛逆的兒子卻不甘心這種局面，詢問了 UC Davis 的專家，確信這僅僅是白葡萄酒釀造過程中的階段現象，並打電話告訴父親。

這是影片的第一次高潮。國內將《Bottle Shock》譯作《酒質受損》，應該是基於影片的此環節，也是本片不同於《Mondo Vino》之處。《Mondo Vino》一直是串講晦澀難懂的葡萄酒故事。影片過於強調紀實，沒有很好的葡萄酒背景知識根本無法堅持看下去。而《Bottle Shock》中關於酒質的問題是本片唯一一段涉及專業技術的環節，編劇又巧妙地借助 Davis 的葡萄酒專家簡化處理，使故事跌宕而連貫。

▲ 《美酒家族》

影片編劇強調這個劇情，是不是也在宣示，傳統的理論不能完全解釋現代工藝現象呢？

▲ 美國 Montelena 酒莊

— 專題 6 —

白葡萄酒為什麼變粉紅色

　　白葡萄酒粉紅色變是發酵後在桶中或裝瓶後,產生粉紅顏色的現象。這與使用去皮的紅葡萄釀造白葡萄酒或者桃紅葡萄酒沒有關係。粉紅色影響了天然為綠色或淺黃色的白葡萄酒的色澤表現,給人以葡萄酒被氧化的印象,因為通常白葡萄酒氧化後以色澤中出現淺棕色為特徵。儘管粉紅色變與氧化都是由於發酵後將葡萄酒暴露在氧氣中所造成的,但是二者是不同的。

● 色變原因

　　粉紅色變最容易在發酵後發生,此時酒中溶解二氧化碳含量降低,而葡萄酒暴露在氧氣中。儘管粉紅色變的葡萄酒通常在香氣和口感方面並沒有變化,但是在外觀上,粉紅色變是一個很嚴重的問題。隨着時間的推移,粉紅色通常就會逐漸褪去,這正是影片《Bottle Shock》第一次高潮所表現的情節。

　　這種現象在很多葡萄品種中都會發生,但易感性不同。粉紅色變基本上發生在低游離二氧化硫含量的葡萄酒中,既可以目測,也可以使用分光光度計測定,光密度在500納米處增加。加入過氧化氫(15毫克/升)可以誘導粉紅色變的發生,這可以作為測定葡萄酒對粉紅色變敏感性的指示。在發酵初期缺氧、高溫儲存、低游離二氧化硫、暴露於光與空氣等條件,粉紅色變都非常容易發生。

● 除去方法

　　除去色變的方法是使用交聯聚乙烯吡咯烷酮(PVPP)進行下膠,這種材料比酪蛋白處理效果還好。這樣的澄清可以除去色素,降低誘發粉紅色變前體含量。適宜的預防方法是保持葡萄酒中適量的游離二氧化硫水平、將葡萄酒與氧氣的接觸降低到最小、加入少量的澄清劑PVPP以除去導致粉紅色變前體物質、保證充足的抗壞血酸或異抗壞血酸(天然抗氧化物質)的含量等。

　　造成葡萄酒中出現粉色的物質不是紅葡萄酒和桃紅葡萄酒中的那種單一的單體花青素。目前對它的本質還不完全明確。有趣的是,粉紅色變與佐餐白葡萄酒的現代工藝有關。對粉紅色變最敏感的葡萄酒是在還原條件下,使用惰性氣體保護進行低溫發酵得到的。如果將這樣生產出來的葡萄酒在發酵結束後暴露於氧氣中,就更容易出現粉色。

其他類型的葡萄酒及其釀造

葡萄酒的世界中的品種如果按照數量來劃分，上述紅、白葡萄酒佔據了重要的比例。但是，葡萄酒的世界五彩斑斕，還有很多形形色色的葡萄酒，這也正是其吸引消費者關注的重要方面。

特殊品種葡萄酒在工藝方面獨具特點，因此形成了其風味的特色。

桃紅葡萄酒

葡萄酒的世界不是簡單的紅、白二元色，而是還有一個桃紅(粉紅)的中間色彩。如果採用紅葡萄進行短時間的果皮與果汁的接觸，就能獲得這種中間色彩的桃紅葡萄酒。

桃紅葡萄酒的生產有三種工藝：

A. 以顏色較淺的紅葡萄為原料，經過較長時間浸皮後再壓榨，獲得一定色度的果汁，進行發酵，比如佳美、佳麗釀等品種。

B. 以顏色較深的紅葡萄為原料，經過短時間浸皮後壓榨，獲得一定色度的果汁，再進行發酵，比如歌海娜、曾芳德等品種。

C. 還有一種情況，不進行壓榨處理，而是採用「放血法」，即放出的果汁呈鮮亮的血紅色。釀製紅葡萄酒時，原料入罐後，經過一段時間浸漬後，放出少量粉紅的果汁。單獨進行發酵，釀製桃紅葡萄酒，而其餘的大部分果皮果汁仍然按照紅葡萄酒工藝進行釀造，這樣做使紅葡萄酒得到一定程度的濃縮，在一些冷涼地區或者一些偏涼的年份，這是一種很有效的提升紅葡萄酒濃郁度的方法。

紅葡萄酒與白葡萄酒調配在一起，只要比例合適，肯定能夠獲得桃紅葡萄酒。但是，這種方式不是在所有的葡萄酒生產國都允許的，不作為一種釀造桃紅葡萄酒的常規方法。

◀ 桃紅葡萄酒取汁

◀ 開啟起泡酒

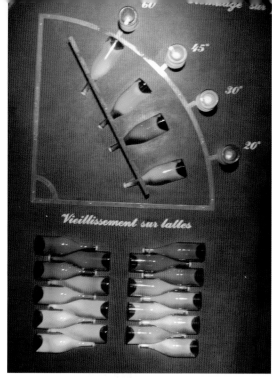

▲ 進行瓶內發酵時使用金屬蓋

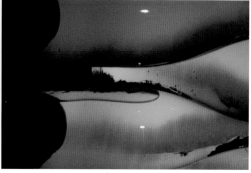

搖瓶

起泡葡萄酒

　　起泡葡萄酒在被開啟時，能夠看到明顯的氣泡溢出現象，這些氣泡就是發酵過程中產生的二氧化碳。作為嚴格的定義，起泡葡萄酒就是指在20℃時，瓶內的二氧化碳壓力大於0.05兆帕的葡萄酒。此種壓力的大小會受到溫度的影響，因此，作為標準需要指出溫度條件。通常起泡酒瓶內的壓力大約在0.05兆帕，所以開啟起泡酒瓶塞是具有一定風險的。

　　起泡葡萄酒發酵分兩次完成。第一次發酵與白葡萄酒發酵工藝幾乎完全相同，完成發酵的白葡萄酒經過口味的調配後，再添加少量酵母以及糖，進行二次發酵。與第一次開放式發酵不同的是，二次發酵是封閉發酵，因此發酵產生的二氧化碳被保留在了酒中，也就形成了開瓶時的氣泡。

　　如果二次發酵是在瓶內完成，這種方法被稱為「香檳法」，但是，這個稱謂僅能被香檳地區的生產者使用，其他地區釀造者即使使用了這種工藝方法，也只能宣稱

「傳統法」釀造。發酵結束後，需要將死亡的酵母以及沉澱的酒泥分離出瓶，在擁有現代科技支持的今天，這或許不是什麼很困難的工藝，但是，幾百年前只能利用手工操作時，這可有不小的難度：既要分離出沉澱物，又要保留瓶內的氣泡。這也就是起泡酒通常會比普通白葡萄酒偏貴的主要原因。

　　進行瓶內發酵時，使用金屬蓋(皇冠帽)封堵酒瓶口。為了使發酵均勻，需要進行「搖瓶」，隨着發酵逐漸接近尾聲，酒瓶也由起初的水平放置，逐漸接近直立放置。前文提到的酒泥等沉澱物也就彙集在瓶口。打開瓶塞，沉澱物在二氧化碳形成的壓力作用下被排除。與此同時，酒液減少，還要迅速地補充部分酒液。在今天，這種令人感到緊張的操作也被機械方法簡化——首先這種操作可以由連續作業的機械輔助完成，更重要的是，開瓶除泥前，可以將混有酒泥的瓶口部分進行冷凍，這樣就減少了開瓶後酒液和二氧化碳的損失。

— 專題 7 —
魔鬼之酒——起泡酒

唐姆•佩里翁（Dom Perignon，1638~1715 年）被視為香檳酒的發明者，關於他的故事早就被人們廣為傳頌，甚至於把那個時代發生的關於起泡酒的故事都集中在他一個人身上——卻完全沒有人在乎，當年唐姆創制起泡酒的初衷是防止瓶內起泡的發生。

●「魔鬼之酒」

葡萄酒的起泡特性在遠古的希臘、羅馬文獻中都有記載，但是，是什麼原因導致這種神秘的泡泡產生，這一直是未解之謎，曾經一度被歸結為由於「月的圓缺」，或者神靈與惡魔作用結果。在中世紀，法國香檳地區就有靜止酒以及微泡酒生產，但是「起泡性」一直被視為葡萄酒的缺陷，因為在酒窖中，瓶內的泡泡常常導致酒瓶爆裂，直到17世紀中期佩里翁被委派來解決葡萄酒瓶內的這種泡泡所帶來的危險。甚至在18世紀初期，人們在酒窖裏陳釀起泡酒時，仍然要穿上那種類似棒球接球手運動服樣的保護服，以免受瓶子爆裂的傷害。有時候單個瓶子的爆裂可能會引發連鎖反應，導致大量酒瓶的破損。由於這種危險以及瓶內不知來源的神秘泡泡，起泡酒曾一度被稱為「魔鬼之酒」。

Tips

從 987 年法國國王在漢斯（Heims，或稱蘭斯）接受加冕之後長達 8 個世紀的時間裏，漢斯一直成為法國精神上的首都，當地出產的葡萄酒在那次加冕之後也備受關注，成為貴族們追捧的目標。

17 世紀後期，由於軟木塞封堵技術、更高強度的玻璃瓶子工藝改進、葡萄種植技術的提升等，被如同唐姆一樣的修士應用於改

▲ Pommery 酒莊

進當地葡萄酒的品質，之後，隨着凱歌（Veuve Clicquot）開創規模生產香檳酒，一系列的香檳商行雨後春笋般出現，如著名的 Krug（1843），Pommery（1858）以及 Bollinger（1829）等。

● 最早揭示者

在人們為泡泡歡呼，傳頌香檳一個又一個的神秘故事時，沒有多少人在意，最早揭示香檳酒起泡原因的，是一個英國人！

17世紀，英國人利用煤炭燒制的玻璃瓶子比法國人利用木材燒制的玻璃瓶子更為堅固，另外，英國人把羅馬帝國沒落時丟掉的採用軟木塞封堵酒瓶的技術又發揚光大，在技術上，釀造專門的起泡酒已經具備條件。

當時，葡萄酒通常裝在木桶內被運輸到英國，然後再進行裝瓶、銷售。香檳地區的冬季，氣候相當寒冷，低溫導致葡萄酒尚未完全發酵徹底而停止，酒中保留了部分可發酵糖以及休眠的酵母。這樣的酒被運輸到英國裝瓶後，隨着氣溫的回升，發酵又重新恢復，在有軟木塞封堵的堅固玻璃瓶內，瓶內發酵所產生的氣體被保留了下來，並產生一定的壓力。當瓶塞被打開之時，泡泡便出現了

1662年，英國科學家克里斯多夫‧莫里（Christopher Merret）發表了一篇論文，揭示了是酒中的殘糖導致了酒的起泡性，並通過裝瓶前向酒內添加糖來證實任何酒都具有發泡可能。這也是人們對於起泡酒最早的認識，因此也可以説，英國人比香檳地區更早的主動生產起泡酒。

香檳和科瑞芒（Crémant）

科瑞芒也在盧瓦河谷（Loire Valley），用於特指出產於武弗雷（Vouvray）、索謬爾（Saumur）的起泡酒，1975年正式確定為獨立的產區，同年布根地科瑞芒產區（Crémant de Bourgogne）獲得正式的法律地位，次年是亞爾薩斯科瑞芒產區（Crémant d'Alsace）確立。在20世紀80年代末期，在香檳生產者不斷游説下，歐盟逐漸禁止其他地區使用「香檳法」而用「傳統法」取代。因而其他地區出產的起泡酒廣泛使用「科瑞芒」的名號，而香檳地區則停止使用「科瑞芒」，法國其他的科瑞芒法定產區逐步形成，波爾多、利慕（Limoux）產區出現了。

盧森堡科瑞芒（Crémant du Luxembourg）實屬莫塞爾盧森堡產區（Moselle Luxembourgeoise appellation），而不是一個具有獨立名號的產區，其生產規範與法國的科瑞芒是一致的。

出產於法國其他地區的起泡酒通常被稱為「科瑞芒（Crémant）」；在德國以及奧地利，起泡酒被稱為「塞克特（Sekt）」；在美國加州，上百年前，法國的香檳商行在這裏採用「香檳法（Methhode Champenoise）」釀造起泡酒，這也是目前世界上唯一的仍可以使用「香檳（Champagne）」名號的法國香檳地區以外的起泡葡萄酒。

● 起泡酒的種類

最為經典的起泡酒當然非香檳（Champagne）莫屬，儘管香檳不過佔有全世界香檳法釀造的起泡酒總量的8%。

世界上的其他地區也有起泡葡萄酒的生產，如：西班牙的卡瓦（Cava），意大利的阿斯蒂【Asti，在意大利，起泡酒的專業術語是斯布芒蒂（Spumante）】，以及南非的開普經典（Cap

▲ 起泡酒塞造型的汽車

Classique）。人們使用「香檳（Champagne）」「斯布芒帝（Spumante）」作為起泡酒的代名詞，然而，依據歐洲的法律，「香檳（Champagne）」只能由出產於法國香檳地區的起泡酒使用。在歐盟與限制使用「香檳法」相對應，其他國家被允許使用「科瑞芒」（Crémant）。

科瑞芒（Crémant）的名號最早出現在香檳地區，特指那些二氧化碳含量略少、瓶內壓力略低（通常是0.2~0.3兆帕大氣壓，而不是香檳的0.5~0.6兆帕大氣壓）。科瑞芒與香檳相比風格也不同。

● 法國起泡酒

香檳（Champagne）

法國乃至世界上最為著名的起泡酒，當數出產於法國香檳地區的香檳。香檳佔世界上採用「香檳法」（特指瓶內進行二次發酵，採用霞多麗、黑皮諾以及粉皮諾作為釀造葡萄品種）釀造起泡酒產量的8%。

在法國，採用香檳法釀造，也具有原產地名號，但是採用不同於釀造香檳的葡萄品種釀造的起泡酒稱為「科瑞芒（Crémant）」。另外還有一種釀造方法：使用傳統法，但不除渣，帶有死酵母並且有些甜感的起泡酒，重要代表有加亞克（Gaillac，該地區距離圖盧茲東北約50公里）、利慕（Limoux，位於圖盧茲東南方向，臨近著名的卡卡頌城堡）迪－克萊雷特（Clairette de Die，該地區位於隆河谷北部）。

科瑞芒（Crémant）

採用傳統方法釀製的起泡葡萄酒。法國有7個不同地區的科瑞芒產區：

亞爾薩斯科瑞芒（Crémant d'Alsace）；

波爾多科瑞芒（Crémant de Bordeaux）；

布根地科瑞芒（Crémant de Bourgogne）；

迪科瑞芒（Crémant de Die）；

汝拉科瑞芒（Crémant du Jura）；

利慕科瑞芒（Crémant de Limoux）；

盧瓦河科瑞芒（Crémant de Loire）；

以及法國以外的科瑞芒——盧森堡科瑞芒（Crémant du Luxembourg）。

　　依據法國葡萄酒法，釀造科瑞芒的葡萄必須採用手工採摘，並且葡萄產量不能超過當地AOC釀造靜止葡萄酒限產標準，科瑞芒釀製之後必須經過最少一年的陳釀。

▲ FREIXENET 酒莊

法國其他起泡酒

　　除了出產於朗格多克地區的利慕布朗克特，法國其他地區也有生產起泡葡萄酒的，但是不適用「科瑞芒」的名稱，一些產區或者擁有獨立的起泡酒名號，或者與靜止葡萄酒共屬同一個產區。「Mousseux」是法語「起泡」之意，指那些採用「香檳法」或者「密閉罐內二次發酵」釀造的起泡葡萄酒，而科瑞芒只能是採用香檳法釀造的起泡葡萄酒。

● 西班牙起泡葡萄酒

　　卡瓦是西班牙加泰羅尼亞（Cataluna）地區的粉紅或者白起泡葡萄酒，生產卡瓦的地區遍布加泰羅尼亞，但是主要分佈於佩內德斯（Penedès），一個位於巴塞羅那西南方向大約40公里的產區。

　　Cava是希臘語，意為「高端的葡萄酒或者酒窖」，源於拉丁語的「Cava」（譯音為「卡瓦」，意為「窑洞」）。早期的卡瓦是指在「窑洞」中完成葡萄酒儲存以及陳釀，現在卡瓦成為了西班牙家庭常用的一種起泡酒，無論是在做彌撒還是新生兒出生洗禮都會用到。

　　卡瓦最早由喬塞夫·拉王滔（Josep Raventós）於1872年開創先河。當時在佩內德斯地區的葡萄園由於遭受根瘤蚜危害而毀滅之後，原先以紅品種為主的葡萄被白葡萄品種取而代之。拉王滔（Raventós）在看到香檳的成功之後，決定釀造起泡酒以延續本地區葡萄酒的輝煌歷史。

　　卡瓦曾經一度被視為西班牙的「香檳」，當然目前已經不能夠再使用。

　　按照含糖量不同，卡瓦分為很多種類：天然乾型、絕乾型、乾型、半甜型以及甜型，按照西班牙葡萄酒原產地命名法律，有6個產區可以在限定條件下——即採用傳統工藝，瓶內進行二次發酵來生產卡瓦，利用特定的葡萄品種馬卡貝奧（Macabeo）、帕雷亞達（Parellada）、沙雷洛（Xarel·lo）、霞多麗（Chardonnay）、黑皮諾（Pinot Noir）以及蘇比拉特（Subirat）。儘管霞多麗是香檳地區傳統品種，但是自20世紀80年代，霞多麗不再是卡瓦的法定品種。

● 意大利起泡酒

　　「斯布芒帝」（spumante）作為文字直到1908年才開始用於描述葡萄酒，之後40多年裏意大利第一個起泡酒生產者——卡羅·岡琪亞（Carlo Gancia）將該名稱用於香檳法生產的起泡酒，再之後用玫瑰香香檳（Moscato Champagne）取代。

香檳的顏色與甜度

香檳不同於其他類型的葡萄酒，在色澤上僅有白和粉紅之分，儘管在澳大利亞有人在釀製「紅如墨汁」的起泡酒，但是，香檳人還是堅持幾百年來的傳統，只有兩個顏色。

白色香檳：是因為葡萄汁是白色的緣故，在香檳地區無論白葡萄、黑葡萄還是粉紅葡萄都是這樣，將葡萄果實壓榨取汁發酵，當然獲得的就是白色。嚴格地說，應當是一種近乎金黃、奶油色的，就是通常在描述其他物體時使用的「香檳色」。

粉紅香檳：粉紅葡萄酒不罕見，是將紅色或者黑色葡萄進行輕度浸皮壓榨後發酵所獲得的葡萄酒類型。粉紅香檳儘管色澤與其他粉紅葡萄酒近似，但是其工藝卻大相徑庭：粉紅香檳主要是在白香檳中加入黑皮諾釀造的紅葡萄酒調製而成，因此粉紅香檳不僅色澤特殊，口感往往有明顯的結構、單寧感。

香檳的甜度有差異，按照瓶內糖分含量劃分，法定的標準分類如下（酒標上有顯示）

Doux（甜）：含糖量大於 50 克 / 升

Demi-sec（半甜）：含糖量 32~50 克 / 升

Sec（乾）：含糖量 17~32 克 / 升

Extra dry（極乾）：含糖量 12~17 克 / 升

Brut（天然）：含糖量小於 12 克 / 升

Extra brut（絕乾）：含糖量 0~6 克 / 升

盧瓦河谷

盧瓦河谷是法國除了香檳以外的最大起泡酒產區，而盧瓦河谷的起泡酒主要出產於索謬爾（Saumur）及其周邊地區，採用的葡萄品種主要有霞多麗、白詩南以及品麗珠，儘管法律許可使用長相思、赤霞珠、黑皮諾、佳美、馬爾貝克、奧尼斯皮諾（Pineau d'aunis）以及果若（Grolleau），但實際上這些品種在當地起泡酒中很少使用。

在布根地，法律規定起泡酒中採用黑皮諾、霞多麗、白皮諾以及灰皮諾不少於 30%，而剩餘的部分則採用阿里高特（Aligoté）。朗格多克的科瑞芒大多出產於利慕（Limoux）及其周邊的 41 個村莊，葡萄品種主要是莫札克（Mauzac），混有少量白詩南和霞多麗，並且規定是至少經過一年帶酒泥的陳釀。而利慕布朗克特（Blanquette de Limoux）則必須全部採用莫札克葡萄釀製，並且陳釀 9 個月。

香檳的年份

香檳通常沒有標注年份（NV），往往採用不同比例多個年份的原酒調配而成，這樣也豐富了香檳的香氣以及口感，也是極度冷涼地區（法國種植釀酒葡萄的最北邊緣地區）人們智慧的一種表現。乾熱地區葡萄容易成熟而獲得豐富的香氣與滋味，而香檳則借

採用不同年份陳釀後的原酒調配來實現。

但是，當遇上某些風調雨順的好年景，香檳人還是會精心地採用同一年份的原料，經過特別料理而釀製「年份香檳」，由於種植葡萄的地塊之間存在自然地差異，即使在同一個年份，也不是所有的酒莊都可以生產年份香檳，年份香檳需要經過更長的瓶內陳釀，方能上市，因此顯得尤為珍貴。

法國獨立的起泡酒產區

法國獨立的起泡酒產區有：

安茹慕瑟爾（Anjou mousseux AOC）；

利慕布朗克特（Blanquette de Limoux AOC）

傳統法布朗克特（Blanquette méthode ancestrale AOC）；

布根地慕瑟爾（Bourgogne mousseux AOC）；

武弗雷（Vouvray AOC）。

　　起泡酒產區在意大利遍地開花，但主要分佈在北部倫巴蒂（Lombardy）的弗朗西亞考達（Franciacorta）、皮埃蒙特（Piedmont）的阿斯蒂（Asti）、威尼托（Veneto）的普羅賽考（Prosecco）。弗朗西亞考達採用的是傳統法釀造，但是，其他起泡酒包括阿斯蒂、普羅賽考都是採用密閉罐內二次發酵。

• 德國、奧地利起泡酒——塞克特（Sekt）

　　塞克特（Sekt）是德語起泡酒之意，大約95%的塞克特採用密閉罐內二次發酵，其餘的是傳統的瓶內二次發酵。德國大約90%的塞克特採用了進口的意大利、西班牙以及法國葡萄酒釀造而成，而酒標上標注有「Deutscher Sekt」專指完全採用德國葡萄釀製而成的起泡酒。

　　「Sekt b.A.」（等同於靜止酒的Qualittswein b.A.）專指出產於德國13個優質葡萄酒產區的起泡酒。

　　通常優質的塞克特利用雷司令、白皮諾、灰皮諾以及黑皮諾釀造而成，主要供應本地市場，幾乎不出口。塞克特多具年份，並標明葡萄園以及所在村莊的名號，優等塞克特（Sekt b.A.）專指規模小的那種精品酒莊（Winzersekt，葡萄種植者自己的塞克特）生產的酒，區別於那些購買葡萄或者原酒的大生產者（Sektkellerien）生產的酒，他們擁有自己的葡萄園，這在奧地利被稱為Hauersekt。

　　德國釀造起泡酒可以追溯到1826年，即由喬治•克里斯蒂•　　▲ 小白玫瑰葡萄

凱斯勒(Georg Christian Kessler)在埃斯林根卡耐時(Esslingen am Neckar)創建葛凱斯勒公司(G. C. Kessler & Co.)之日。他曾經於1807年至1822年在凱歌(Veuve Clicquot)香檳行工作。在19世紀,德國生產把他們生產的起泡酒叫作香檳(Champagne 或者 Champagner),但是,1919年凡爾賽條約禁止德國人使用「香檳」,這比歐洲普遍禁止使用「香檳」字樣要早得多。因此,在德國產生了塞克特(Sekt)的定義,用於表示「起泡酒」。

在德國,當然不是所有的起泡酒都能稱為「塞克特」,也有一些口味清新的微泡酒被稱為「Perlwein(珍珠酒)」。

由於生產塞克特要繳納一種特別稅——起泡酒稅(Schaumwein),這種稅在2005年高達每一百升136歐元,等同於每750毫升標準瓶1.02歐元。這個稅種由威廉二世於1902年為了擴建海軍而開始徵收,卻沒有因為海軍的覆滅而免徵。所以今天,很多生產者與稅務部門在珍珠酒與塞克特之間遊戲。

在奧地利,塞克特通常利用雷司令(Welschriesling)、綠維特靈(Grüner Veltliner)採用香檳法釀製,這些葡萄給予酒一種金黃的色調,而桃紅起泡酒則是利用法國藍(Blaufrnkisch)品種釀製而成。奧地利釀造起泡酒的歷史可以追溯到奧匈帝國時代,多數釀造者位於維也納周邊,而葡萄來源於下奧地利的文維爾特(Weinviertel)地區。如同德國版本的起泡酒,在奧地利,起泡酒有乾與半乾之分。

● 匈牙利起泡酒

匈牙利人稱起泡酒為「pezsgö」。匈牙利人於19世紀前半葉開始釀造起泡酒,最早的起泡酒廠是休伯特艾伊(Hubert I.E.),於1825年在布拉迪斯法(Bratislava)創建。幾十年後,這些生產商轉移到布達山,靠近首都的地方,開創了一個新的起泡酒生產中心。

19世紀末,法國香檳地區的約瑟夫托雷和塔薩(József Törley ésTársa)、塞薩爾和路易

Tips
_____

阿斯蒂是因出產於意大利西北部的阿斯蒂省而得名的一種微甜、低酒精度(8% 體積分數),採用小白玫瑰(Muscat BlancàPetits Grains)葡萄釀造的微泡葡萄酒。

弗朗西亞考達地區位於意大利西北部倫巴蒂大區的布雷西亞(Brescia),是意大利最大的起泡酒產區,主要採用霞多麗以及白皮諾葡萄品種。使用弗朗西亞考達 DOCG 名號的起泡酒,使用黑皮諾的比例不能超過 15%,無論年份還是非年份的,都需要帶酒泥陳釀 18~30 個月。

普羅賽考出產於威尼托大區涼爽的丘陵地帶,這個成立於 1969 年的 DOC 是專門出產起泡酒的產區,葡萄品種是當地特有的普羅賽考,有高泡(spumante)和微泡(frizzante)以及乾型與帶有甜味類型之分。

佛朗索瓦(Louis és César-François)遷到奧地利建廠。大部分的奧地利起泡酒採用密閉罐內發酵釀製而成，葡萄品種有霞多麗、黑皮諾、雷司令、奧特尼玫瑰、綠乃玫瑰，以及一些本地品種。

● 美國起泡酒

20世紀末期，法國香檳酒生產商開始在美國加州採用香檳的方法生產美國的起泡酒，比如酩悅(Moët et Chandon)公司在加州的香棟(Domaine Chandon)。

加州釀造起泡酒的歷史可以追溯到1892年。在索諾瑪山谷(Sonoma)，來自波西米亞(Bohemia)的高貝爾兄弟(Korbel brothers)開始採用香檳法釀造起泡葡萄酒。早期的起泡酒採用密思卡岱(Muscatel)、瓊瑤漿(Gewurztrocminer)以及薩斯拉(Chasselas)葡萄品種釀造而成。由於受到外來影響，加州的起泡酒越來越多地使用香檳地區的經典葡萄品種，如霞多麗、黑皮諾、莫尼耶皮諾以及白皮諾。儘管在美國AVA(美國葡萄種植區域)管理規定中未對起泡酒糖含量或者酒的甜度做出規定，但是，生產商還是願意仿照歐洲的起泡酒標準，將糖含量低於1.5%的稱為乾型，而糖含量超過5%的稱為甜型。隨着加州香檳生產的發展，外來資本尤其是來自於法國香檳酒行的投資，包括前文提到的酩悅公司的香棟，以及路易王妃(Louis Roederer)的路易酒莊(Roederer Estate)，泰亭哲(Taittinger)的卡內羅斯(Domaine Carneros)等。

在加州，優異的起泡酒多採用香檳法釀造，但是，這裏所謂的「香檳法」與法國的香檳法存在很大的差異。比如，香檳地區的調配——非年份香檳酒的調配，通常採用保存的4~6個不同年份的高達60多種不同來源的原酒調配而成，而在加州通常用於調配的原酒也就1或2個年份20種左右的原酒。

法國的香檳法律規定：非年份香檳必須帶酒泥陳釀至少15個月，而年份香檳更是高達3年，甚至在投放市場前經過7年陳釀的香檳也是存在的。在美國，沒有最短的陳釀時間限定，這主要取決於生產者，陳釀從8個月到6年的情況都存在。另外一個不同點是，得益於當地的氣候資源優勢，在加州幾乎可以每年出產年份起泡酒。

Sekt

德國人一度想專享 Sekt 這個名詞，但是，1975 年歐洲法院裁定廢止德國人專享塞克特（Sekt）的使用權；另外，20 世紀 70 年代廢止大生產商壟斷生產塞克特，允許合作社以及獨立種植者生產並銷售起泡酒，這兩條裁定也豐富了塞克特的風格、種類以及質量檔次。

美國酒法規定，假如生產者在酒標上使用「香檳」字樣，必須同時標明實際產地名稱，如「索諾瑪香檳」，避免引起消費者的混淆。

▲ 加州起泡酒。個別生產者仍可在其本土使用「香檳（Champagne）」的名號

● 澳大利亞起泡酒

澳大利亞的起泡酒通常採用密閉罐發酵或者傳統法發酵，可以是年份的起泡酒，也可以是多年份調配的無年份起泡酒。釀製起泡酒的葡萄品種多是霞多麗、黑皮諾，但是，無拘無束的澳大利亞人採用任何他們自己喜歡的葡萄品種來釀造起泡酒已經成為一種風尚，比如用西拉、美樂等紅葡萄品種釀造色澤深厚的「紅起泡酒」，在葡萄酒世界獨樹一幟。澳大利亞的紅起泡酒通常帶有點甜味，當然也有人釀造乾型、單寧強、酒體厚重的紅起泡酒。

近幾年，由於全球氣候變暖，本來就乾熱的澳大利亞氣候對於葡萄種植的考驗更加嚴峻，尤其是對於需要偏冷涼氣候的釀製白葡萄酒、起泡葡萄酒品種的種植更是如此。位於澳大利亞東南部的塔斯馬尼亞島，由於氣候相對涼爽而獲得越來越多的關注，出產於這裏的起泡酒也常有上佳表現。

● 南非起泡酒

開普經典(Cap Classique)是南非起泡葡萄酒的代表，特指利用開普敦地區的葡萄，採用香檳法釀造的當地起泡酒，主要葡萄品種是長相思以及白詩南，但是，受國際市場的影響，釀造者越來越多地使用霞多麗以及黑皮諾。

開普經典的釀造技藝是由法國雨格諾教徒(Huguenots)帶來的，起初這種瓶內發酵帶有氣泡的葡萄酒被稱為「Kaapse Vonkel(意為開普泡泡)」，自1992年起，這種類型的起泡酒的生產者組成了自己的協會——開普經典生產者協會【The Cap Classique Producers Association (CCPA)】，釀造開普經典的葡萄散佈於開普敦產區，經過挑選的葡萄僅僅利用其頭道壓榨汁，在瓶內不少於1年的帶酒泥陳釀，除渣後，各生產商根據自己的目標進行瓶內陳釀再推向市場。

在出品之前，CCPA協會統一組織品嘗，以確定產品是否符合當地風格特點。

Tips

美國生產起泡酒可以標明密閉罐內發酵或者香檳法釀造，那些低成本的生產商，比如庫克斯（Cook's）等更多採用前一種方法，而高品質的生產商多使用後一種方法。

甜葡萄酒

甜葡萄酒中是加糖了嗎？當然不是。

講到甜葡萄酒，首先需要說明的是：甜葡萄酒不等於帶有甜味的葡萄酒。甜葡萄酒就是含糖量大於45克/升的葡萄酒，而且這部分糖必須是來自葡萄果實——也就是說，或者對於釀酒工藝，或者對於葡萄的質量有相當高的要求。所以甜葡萄酒有時被喻為「液體黃金」，可見其珍貴。甜葡萄酒具有明顯的甜味，並且含有一定的酒精。與其說甜葡萄酒工藝有什麼特殊之處，倒不如說釀造甜葡萄酒的葡萄原料特殊。

中國人喜食甜食，甜型的葡萄酒在中國具有廣闊的市場，但是，令許多消費者困惑的是，在中國葡萄酒市場中，甜葡萄酒被等同於「帶有甜味的葡萄酒」，許多甜葡萄酒是通過添加外源糖分獲得的甜味。

真正的甜葡萄酒由於含有足夠的有機酸，甜而不膩。那麼，甜葡萄酒是如何獲得的呢？常見的甜葡萄酒有以下幾種類型：

遲採收類型甜葡萄酒

在葡萄正常成熟後，仍然將葡萄果實留在樹體上不採收，經過一段時間之後，果實進一步積累糖分，同時，一定程度的失水使得葡萄含糖量進一步提高，採用這樣的葡萄釀造出正常酒精度的葡萄酒，酒中仍然可以保留超過100克/升的糖分。

這種類型的甜葡萄酒在標籤上注明「晚採收」或者「遲採收」葡萄酒（英語稱為「late harvest」，法語稱為「vendange tartive」），產區

▲因為遲到而獲得的榮

多分佈在法國的盧瓦河谷和亞爾薩斯地區、德國等。

由於葡萄過熟，除了正常品種特有香氣以外，還給葡萄酒帶來一些特殊香氣，如類似熟透的哈密瓜、果醬、桃脯等香氣。

冰葡萄酒

葡萄成熟過程中，遇到-8~-6℃的低溫，果實中的部分水分凝結成固體冰晶，而糖分等風味物質仍然呈液態，保持在該溫度下，將葡萄進行壓榨，由於那部分結成冰晶的水被分離，獲得的液體部分，相對於結冰前壓榨糖分、酸度的濃度高。好的冰葡萄酒口感酸甜和諧，香氣清新。

冰葡萄酒的珍貴在於適宜的低溫條件使得葡萄果實中部分水分凝結，而不是整個果實全部凍結，並且採收、運輸、壓榨等環節都需要在該溫度下完成，這種自然條件不是每年都能獲得的。並且過低的溫度也會導致葡萄樹死亡。

冰葡萄酒德語稱為「Eiswein」，英語稱為「Icewine」。最早出現在德國、奧地利。加拿大的安大略湖區，幾乎每年都能夠獲得適宜釀造冰酒的自然條件，因而加拿大冰葡萄酒也頗具影響。

貴腐葡萄酒

葡萄果實表面具有一層天然的保護物質——蠟粉層，保護果實免受病害侵擾。在葡萄成熟過程中，蠟粉層逐漸變薄，同時，果實內部糖分升高，在適宜的溫、濕度條件下，灰黴菌（Botrytis cinerea）能夠侵染果粒，導致葡萄果實腐爛，這是葡萄種植者不期望的，尤其是對於紅葡萄品種是災難性的。但是，在一些特殊地區，特殊

▲ 貴腐葡萄和採摘

▲ 天然甜葡萄酒

的氣候條件使得灰黴菌有限地生長，卻能帶來意想不到的驚喜。

在法國波爾多南部的索甸、巴薩克以及奧地利，種植於河谷的賽美容葡萄由於果實蠟粉層薄，果實成熟季節溫度適宜灰黴生長。夜晚河谷內的霧氣促進灰黴菌生長，灰黴菌菌絲體穿透蠟粉層，而白天陽光充足，空氣乾燥，灰黴菌不能夠進一步生長。但是，灰黴菌的菌絲，在乾燥的空氣中成為果實散失水分的通道，果實因此被濃縮，當這樣的果實達到金黃色時(此時稱為「貴腐」，進一步發展下去果實就變黑腐爛了！)，小心地將葡萄一粒一粒採收，既要避免灰黴變黑，也要將果穗內部沒有產生「貴腐」的果實保留，等待「貴腐」的發生。用這樣的葡萄顆粒發酵，「貴腐葡萄酒」也就因此而得名。

貴腐葡萄酒往往具有杏脯、果醬等特殊香味。

天然甜葡萄酒

在法國南部隆河谷南部地區，由於氣候乾燥，葡萄果實糖分容易積累，在果實糖分含量達到每升290克以上，並且果實酸度充足時，採收、壓榨，採用這樣高濃度的果汁進行部分糖分發酵，殘留適宜的糖分，添加葡萄酒酒精終止發酵，就可獲得了具有15%以上酒精度，每升酒含糖超過50克的葡萄酒，這種葡萄酒被稱為「天然甜葡萄酒」(法語為：vin doux naturel，簡稱VDN)。雖在這一地區釀造VDN的葡萄品種以小粒白玫瑰(Muscat a peutit baie)尤為著名，但也有紅的葡萄品種。

甜葡萄酒通常作為餐後甜點配酒，也有一些甜度相對低、酒體相對輕的作為餐前開胃酒。由於女性天生感覺更敏銳，她們比男性更喜歡甜葡萄酒，所以，有時甜葡萄酒也被稱為「女士葡萄酒」。

特種葡萄酒

世界上有一些特種葡萄酒，各具獨特之處。

波特酒

波特葡萄酒(Port wine，也稱為Vinho do Porto、Oporto、Porto，但是在英語中通常稱為Port)是一種酒精強化的帶有甜味的紅葡萄酒——在發酵的過程中，通過添加葡萄酒白蘭地而終止發酵，酒精度為16%~20%。波特酒通常分為茶色波特(Tawny)、寶石波特(Ruby)、年份波特(vintage)、晚裝瓶年份波特(LBV)以及白波特幾種類型。

① 茶色波特

茶色波特在大橡木桶內進行陳釀，經過氧化之後，酒的顏色發生明顯的陳化變化，由紫色轉變為棕色，或者叫茶色。茶色波特又區分為：10年、20年、30年、40

年風格（多年份調配，取其平均陳釀年齡）以及珍藏（至少經過7年陳釀），獨立年份茶色波特——考牙塔（Colheitas，它與後文的「年份波特」完全不同）。

② 寶石波特

寶石波特在發酵結束後，不經過橡木桶陳釀，而是在水泥或不銹鋼罐內保存直至裝瓶，一直保持其明亮的寶石紅色及新鮮的水果香氣為其主要特徵。

③ 白波特

白波特利用白葡萄釀造，從含糖量來說包括乾型直到甜型，所佔比重較少，是很好的雞尾酒、開胃酒原酒。

④ 年份波特

顧名思義，採用特定年份出產葡萄釀造的波特酒才是年份波特，通常是很好年份的波特酒方能進入這個系列。年份波特在木桶內陳釀不超過2年半必須裝瓶，然後在瓶內經過十幾年甚至幾十年才能達到最佳飲用狀態，因此，儘管年份波特的產量僅佔波特酒產量的2%，但卻備受人們推崇、追捧。

⑤ 晚裝瓶年份波特

晚裝瓶年份波特，與年份波特一樣，採用同一年份葡萄釀造，但是經過更長時間的桶內陳釀——通常4~6年（比年份波特的2年半為「晚」），裝瓶後可以相對快速投放消

▲ 機械壓酒帽

費市場。而晚裝瓶年份波特又區分為過濾裝瓶與不過濾裝瓶，前者在裝瓶後即可飲用，而後者仍需要瓶內陳釀而提升品質。

釀造波特酒的葡萄品種多是葡萄牙本地品種，在一些古老的葡萄園裏，同一地塊內經常是多品種混作。紅葡萄品種主要為本地圖麗加（Touriga nacional），是葡萄牙主要的紅色品種，種植也最為廣泛。該品種萌芽較早，果粒較小，成熟期中等偏晚，果實香氣複雜，釀造的酒色澤濃郁，乾浸出物、單寧含量高。而法國圖麗加（Touriga Francesa）是源自法國的類似品種。阿拉高內（Aragonez）是當地另一主要紅色品種，原產於西班牙，在西班牙利奧哈地區稱為當帕尼羅（Tempranillo）。該品種萌芽晚，枝條直立性好，生長勢強，產量高，但是果實品質隨產量增加而降低明顯。白葡萄品種主要有馬拉沃澤（Malvoisie），

▼ 壓酒帽

一個被認為與玫瑰香具有親緣關係的古老品種，和威奧絲昊（Viosinho）等。

馬德拉酒

馬德拉產區不僅僅是以一個具有悠久歷史的葡萄酒產區而著稱，更因為出產在這裏的葡萄酒獨特而聞名——馬德拉酒，一種採用類似波特酒工藝釀造的，涵蓋乾至甜型的葡萄酒。與波特酒不同的是，發酵結束後，經過人工加熱使葡萄酒發生馬德拉反應，即糖在加熱後發生變化，出現焦糖的氣味。

歷史上馬德拉酒主要出口到法國、英國以及德國。馬德拉葡萄酒分為珍藏（Reserve，5年木桶陳釀）、特別珍藏（Special Reserve，10年木桶陳釀）、稀世珍藏（Extra Reserve，15年木桶陳釀）、考牙塔（Colheita，陳釀比年份馬德拉短，也可以標注年份，但是必須同時標注Colheita）以及年份馬德拉等。

雪利酒

雪利酒曾被莎士比亞比喻作「裝在瓶子裏的西班牙陽光」。

雪利酒是由西班牙語「Jerez」的發音譯化而來，在西班牙，它的名字應該是赫雷斯酒。「赫雷斯」是位於西班牙南部海岸的一個小鎮，小鎮附近的土壤富含石灰質，

酒的表面產生一層白膜，稱為開花

適於生長巴洛米諾（Palomine）葡萄，這種白葡萄即為雪利酒的原料。

葡萄榨汁後置於新橡木桶內發酵，第一次發酵約3~7天，產生大量泡沫之後，再持續緩慢發酵約10周，這段期間，葡萄內所含的糖都會轉變成酒精。在次年一月，酒漸澄清，沉澱物沉入桶底；二月，在毫無人工操作的情況下，部分酒的表面會產生一層白膜，稱為「開花」（Flor），這是酵母菌的一種，它造就了著名的菲諾（Fino）。而開花很少或沒有花的酒即形成奧囉索（Oloroso），神奇的大自然造就了兩種雪利酒。為助長「開花」茂盛，木桶蓋要鬆開使空氣流通，而且曝曬在艷陽之下，此過程是為了使葡萄糖產生變化，並賦予雪利獨特風味，大約3個月後，將雪利冷卻並貯存。

雪利酒最重要、且異於其他葡萄

天價

據新加坡《聯合早報》2011年2月7日報道，在法國東部汝拉地區的阿爾布瓦葡萄酒節上，一瓶釀造於1774年（路易十五時期）的黃葡萄酒拍出5.7萬歐元的高價。

酒的地方是其陳酒培育新酒的處理程序(Solera)。這種處理程序使舊木桶永遠保持一樣品質的佳釀。新酒在經過評鑒分級後，測試酒精含量，再加入白蘭地提高酒精濃度。菲諾的酒精濃度加強到15%，奧囉索則達到17%或18%。

黃葡萄酒

黃葡萄酒(vin jaune)出產於法國的撒烏瓦地區，由單一白葡萄種類薩瓦捏(Savagnin)釀製而成，具有較強的陳年能力，一般至少陳釀六年才將其裝瓶。黃葡萄酒口味類似雪利酒，其色澤來自於發酵過程中自身產生的一層發酵菌膜。黃葡萄酒香味強烈，常出現核桃和杏仁的香味，且入口後余香持久濃烈。法國汝拉地區以釀製黃葡萄酒而聞名。

風乾葡萄酒

採用風乾葡萄釀酒，在世界很多地區都擁有悠久的歷史，標有「Passito」的葡萄酒也被稱為「麥稈酒」——將採收的葡萄置於麥稈(或者其他材料)上進行陰晾，及至葡萄糖分高度濃縮，再進行壓榨取汁、發酵獲得的甜型葡萄酒，如意大利的Passito di Pantelleria就是一種金黃色甜葡萄酒，由潘泰萊亞島(該島位於西西里島和突尼斯之間)上的麝香葡萄釀製而成。

標有「Amarone」的葡萄酒是採用乾化葡萄釀造的，是酒精度通常比較高的乾型葡萄酒(15%~17%)。葡萄採收以後，放置於木製淺筐之中或麥稈上進行陰晾。採用陰晾的葡萄進行完全發酵，獲得的乾型葡萄酒就是本段開始所講的Amarone。如果發酵中途被終止，獲得的甜型葡萄酒就是標有「Recioto」的酒；而釀製Amarone壓榨之後的皮渣，由於含有更多的色素物質，釀酒者將同一年度新釀製的乾紅葡萄酒混合在皮渣中，經過10~20天——視發酵情況而定，獲得的葡萄酒就叫「Ripasso」。

▼ 對葡萄進行陰晾

Chapter 4

葡萄品種

「一個釀酒師可能把優異的釀酒原料釀成平庸的葡萄酒，但是，再優秀的釀酒師也不可能把平庸的原料釀成優異的葡萄酒」。

這也是釀酒葡萄質量與葡萄酒品質關係的最好注解。

葡萄酒美好卻又複雜。沿葡萄的風味認識葡萄酒是正確的路徑，沿途別忘了欣賞周邊的風光……

釀酒葡萄的品質

中國有句古話：巧婦難為無米之炊——再有能耐，沒有米，還是無法做出米飯；再引申一下，還可以這樣理解：出自巧婦之手的美味佳餚，一定受到原料的影響。釀酒師釀造葡萄酒也不例外。

釀造葡萄酒的葡萄原料本質上是一種農產品，葡萄在適宜的溫度條件下，根系吸收土壤中的營養物質和水分，接受光照，合成自身生長發育所需要的物質，其生長過程受到自然氣候條件、土壤狀況以及栽培技術的影響。

從以下表格可以清楚地看到葡萄酒中風味物質的來源，也可以看到葡萄的質量與葡萄酒質量之間的聯繫。

葡萄酒中的風味物質	主要來源	
	葡萄	工藝
水	果肉	
酒精	糖	酒精發酵
有機酸	酒石酸、蘋果酸、檸檬酸	乳酸、琥珀酸
色素	果皮	
單寧	果皮、種子、果梗	橡木桶
礦物質	果汁	
香氣物質	果皮	發酵與陳釀

氣候條件對葡萄的品質影響

影響葡萄生長的氣候因素主要包括：溫度、日照、降水等。

溫度

溫度決定漿果、枝條在當地能否成熟。葡萄生長發育的各個階段都有其對溫度需求的最低、最高和最適點，一般當溫度穩定在10℃時，葡萄開始萌芽，氣溫在16℃左右時，葡萄開花，如溫度過低，會造成授粉受精不良，坐果少；而氣溫超過35℃時，葡萄生長又會出現高溫抑制。

溫度對葡萄生長影響表現在以下幾個方面：

① 積溫

積溫是一定時期內溫度的總和。

葡萄從萌芽到成熟期，不同品種對≥10℃以上的活動積溫要求不同，特別是對於釀酒品種，生長季積溫等溫度指標對不同酒型是重要指標，這些指標數值已得到國際公認。在中國，應當考慮大陸性氣候年際間氣候變化大的特點，不能簡單地照搬這一結果。

② 最熱月份溫度

釀酒葡萄通常要求果實成熟後保持有足夠的含酸量，尤其是起泡酒以及蒸餾酒要求酸度更高。生產優質乾白葡萄酒地區最佳為較冷涼的地區氣候條件，夏季溫暖而不過熱，最熱月平均氣溫20℃，生產乾紅的釀酒葡萄種植區域的溫度可以略高。

③ 最冷月份溫度

處於休眠狀態的歐亞種葡萄成熟枝條、芽眼在-20~-18℃時開始遭受凍害，根系-5℃為受凍害溫度。在中國，釀酒葡萄主要種植於多年極端低溫平均值低於-15℃的地區，冬季必須進行埋土防寒。

④ 生育期長短

不嚴格地來說，葡萄的生育期可以用無霜期來衡量。世界上主要栽培釀酒葡萄的地區，其生育期的長短可以通過選擇不同熟性的葡萄品種與之相適應，但是在中國，無霜期短通常是栽培晚熟品種和極晚熟品種的重要限制因子。中國儘管很多產區有效積溫可以達到甚至超過葡萄生長所需要的有效積溫，但是，因無霜期過短，限制了釀酒葡萄種植的發展。

降水

葡萄對水分需求最多的時期是在生長初期，快開花時需水量減少，花期需水量少，以後又逐漸增多，在漿果成熟初期需水量達到高峰，以後又降低。

水分變化過於劇烈，對葡萄生長不利，如果長時間下雨後出現炎熱乾燥的天

Tips

不同葡萄品種對積溫的要求為：極早熟品種要求 2100~2500℃，早熟品種要求 2500~2900℃，中熟品種要求 2900~3300℃，晚熟品種要求 3300~3700℃，極晚熟品種要求 3700℃以上的活動積溫。上述結果是世界公認的。

氣,葉片可能乾枯甚至脫落;相反,長期乾旱後突然降雨,則常常引起裂果。

一般認為在溫和的氣候條件下,年降水量在600~800毫米較適合葡萄生長發育。但是,評價年降雨量對釀酒葡萄生長的影響,還要考慮降雨的月份分佈。世界主要釀酒葡萄種植區,其降雨主要集中在冬、春季——雨熱不同季,這是優質釀酒葡萄品質的天然保障。

而在中國降雨主要集中在炎熱的7、8、9月,容易滋生病害,影響果實的成熟和果實的品質。

降水是確定葡萄種以及品種群選擇的重要指標,在品種區劃中具有重要意義。

日照

日照時數對葡萄生長和果實品質有重要影響,另外,光照對葡萄果實著色也有很大影響。日照與降水一般呈反比,在西歐葡萄酒產區的生長期內(4~10月)日照時數不低於1250小時是生產優質葡萄酒對光照條件的最低要求,中國各主要葡萄產區日照條件基本能達到葡萄生長要求。

除了日照長度對葡萄生長的影響外,日照的強度也會對葡萄正常的生長產生影響——日照強度在一定的範圍內,光照強度與葡萄葉片的光合速率呈正比,但是,通常自然光照一般不會成為葡萄光合作用的限制因素。

土壤條件對葡萄的品質影響

土壤對葡萄的生長不僅具有營養作用,還可以提供支持、保護葡萄樹體。葡萄可以在各種各樣的土壤中生長,許多不適合大田作物的土地,如沙荒、河灘、山坡等,都能成功地種植葡萄,這要歸功於葡萄擁有強大的根系。但是土壤條件也會對葡萄健康生長造成影響。

土層的厚度

土層厚度是指表土與成土母岩之間的厚度,這個厚度越大,葡萄根系分佈就越廣泛,這不僅是葡萄獲得良好營養的基礎,也能保證葡萄樹體生長更平穩。

土壤的結構

土壤結構影響土壤的水、氣、熱狀況,以及土壤對水分和營養的保持能力,因此土壤結構也是影響葡萄生長的因素。

沙質土壤的通透性好,土壤熱容量小、導熱性差,夏季輻射強,土壤溫差大,葡萄糖分積累容易;但是其有機質含量低,保水、保肥性能差。黏土保水保肥性能好,但是通透性差,容易板結,葡萄根系分佈淺,葡萄抗逆性差。所以,通常比較理想種植葡萄的土壤需要沙、礫與土具有合適的比例。

地下水位

葡萄良好地生長需要一定的土壤含水量，但是地下水位過高不適合種植葡萄。比較適宜的地下水位應保證不少於2米。當然在可以人工灌溉的區域種植葡萄，即使地下水位很低，也不會造成葡萄生長障礙。

土壤的化學性質

土壤中化學物質的成分對葡萄營養意義重大，葡萄對鹽分具有很好的耐受能力，即使在蘋果、梨等果樹不能良好生長的鹽鹼土壤中，葡萄仍可以生長；另外，葡萄對土壤的酸鹼性耐受能力也比較強，通常可以在pH6~8的土壤中正常生長。

葡萄園中的四季

葡萄的生長與發育受到環境條件影響，在規律變化的環境條件中，葡萄的生長與發育也表現出相應的規律。

春季

① 傷流

春季，當氣溫穩定在7~9℃時，其根部開始活動，開始吸收水分與養分，地上部分在那些沒有癒合的傷口處，可以看到有水狀液體滲出，這種現象被稱為「傷流」，在春季潮濕多雨的地區，傷流不會對樹體生長造成影響，但是，在乾旱、半乾旱地區，傷流可能會造成樹體儲存水分與養分的流失，進而影響樹體後期生長與發育。

這個階段，要完成葡萄樹上架工作。

▲ 傷流

▲ 萌芽

▲ 花穗

▲ 開花

② 萌芽

氣溫進一步穩定在10~12℃時，葡萄芽眼開始膨大，鱗片開裂，先露出白色茸毛，稱之為「露白」，進而白色絨毛頂部顯現綠色或者紅色(因品種而異)，稱之為「露綠」，之後才是葉片展開，直至3~5片(因品種而異)葉片展開時，就可以看到幼嫩的花穗。

這個階段，需要完成抹芽與定芽工作，有些地區需要開始進行病蟲害的防治。

③ 開花

花序上獨立的花朵分離後，花朵進一步發育，當花瓣變為黃綠色時，隨著氣溫升高和空氣濕度下降，花瓣外側收縮，基部開裂並向上捲曲，在花絲向上、向外伸長的作用下，葡萄的帽狀花冠脫落，這就是所謂的「開花」。

花序上的花由頂部向基部方向次序開放，花期往往會持續10~15天。

夏季

① 新梢生長

葡萄萌芽後，隨著新梢節間伸長、葉片次序長出、花序與捲鬚的逐漸發育，新梢不斷地長長，應摘除頂芽，刺激促進副梢生長。否則，頂芽的延伸生長將一直持續到7月底8月初。

▲ 新梢生長

新梢生長階段,是營養生長(枝條生長)與生殖生長(花序與果實生長)的競爭階段,這個階段需要人工技術進行干預,以促進葡萄樹體生長發育與果實品質之間的平衡。

除了正常的水肥管理外,在這個階段主要進行以下管理操作:枝條綁縛,綁縛與引導葡萄藤保持一定方向生長,促進葡萄葉片更好地利用光照條件;實施植保措施,保證枝條、葉片以及花序免受病蟲害侵擾;頂梢與副梢修剪,平衡樹體生長,保持良好葉幕結構。

② 果實發育

歐洲種為兩性花,能自花授粉,子房發育成果實,而柱頭在開花後10~12天衰老變褐、乾枯。

所形成的果粒數量永遠比花的數量要少得多,即使授粉受精後形成的果粒,也會部分脫落,當果粒膨大近乎圓形,似黃豆粒大小(次期成為豆果期),果粒才不再脫落。落花落果除了遭受病害以及品種遺傳特性影響外,栽培以及氣候因素,如:植株生長過旺、花期低溫、過於乾燥或者大風等都是造成落花落果的主要原因。

③ 封穗

果粒膨大後,氣溫也進一步升高,果實逐漸生長,直至果粒相互接觸,果穗外觀成為整體,不再是獨立的果粒,但果粒仍然是綠色,質地較硬——此階段被稱為封穗期。

這一階段之前,必須防治好果實部位的病害,尤其是灰黴(Botrytis)這一很多葡萄園的常發病害,雖然在綠果期不會發生,但是當果穗內部存有病原菌,進入成熟期的果實(封穗以後)一旦發病則難以防治。

④ 摘葉與疏果

轉色期開始後,為了保證果實部位的微區氣候(即局部氣候,包括光、通風、溫度、濕度等條件),保證適宜的果葉比

▲ 坐果　　　　　　▲ 果粒膨大　　　　　　▲ 封穗　　　　　　▲ 轉色

例,提升果實品質,需要進行摘葉與疏果。

如果需要疏除過多的果實,應當在封穗之後至轉色初期進行。如果疏果過早,雖然減少了果穗或者果粒的數量,但由於果粒尚未完全發育,留存的果粒可能比常規果粒偏大,降低了疏果的效果。

⑤ 轉色

封穗後的果實雖然還會進一步膨大,但是,此期果實生長主要表現是果實內部物質的變化,如含糖量逐漸增加,同時酸逐漸降低,果粒逐漸變軟,果皮逐漸顯現品種特徵顏色。

這時,往往新梢生長停止,如果是人工灌溉栽培,這時期的水分控制相當重要。

秋季

①果實成熟

轉色後的葡萄逐漸進入成熟期,根據所釀造酒的風格特點需求,進入成熟期的葡萄將被陸續採收:釀造起泡酒的葡萄需要偏早採收,以保證果實較好的酸度;之後是釀造乾白葡萄酒的原料採收;紅葡萄往往在成熟末期甚至過熟期採收,過熟控制除了可以提升果實含糖量外,還可以促進果皮中的酚類物質成熟,但是,過熟控制又會造成風味物質——尤其是香氣物質的損失。

② 採收

達到滿意的成熟度後便可開始採收。採收的方法為機械採收或者人工採收,而釀造貴腐、冰酒等特殊葡萄酒的原料還可能進行多次採收。

機械採收聽起來似乎會對葡萄品質產生影響,其實這不能一概而論。假如所釀造的是普通的快速消費型葡萄酒,控制成本成為重要的管理內容,機械採收可以很好地實現成本控制。如果在較熱的產區生產白葡萄酒,機械採收可以在涼爽的黎明

▲ 成熟

▲ 採收

▲ 採收

進行。如果葡萄成熟度尚未令你滿意，但天氣預報說3天後有明顯的降雨過程，則完全可以讓葡萄繼續在枝頭成熟2或3天，在降雨前採用機械採收。除此以外，還有很多情況下機械採收可以相對提升葡萄的品質。

當然，對於那些充滿了傳奇歷史文化的產區或者酒莊，人工採摘作為傳統工藝的一部分而被堅持保留，則另當別論。

③ 採收後管理

採收後，葡萄樹體的生長通常沒有結束，所以，仍然不能忽視葡萄園的管理，這時候葡萄葉片合成的養分集中存儲於枝條和根部，以提升葡萄越冬以及來年萌芽能力。所以，對於早霜來臨較早的產區，不宜過度控制過熟期採摘，如果再加上產量偏高的話，可能導致來年葡萄樹體生長不良。

冬季

①修剪

葡萄落葉後即可根據勞力情況安排修剪。在冬季不需要保護越冬的產區，冬季至來年葡萄萌芽期都可進行修剪工作。但是，在個別的冬季需要將葡萄枝條埋土保護越冬的地區（如中國北方大部分地區），修剪工作必須在很短的時間內完成，之後，在土壤凍結之前將枝條埋土。

② 整理架材

冬季還是整理葡萄架的大好時機——因為葡萄枝條被清理，架面沒有負重，方便修補架面杆、拉線等材料。

▲ 炫彩葡萄園

葡萄樹齡與葡萄酒質量

葡萄酒的質量在很大程度取決於葡萄的質量，這已成為葡萄酒行業內廣泛接受的不爭事實。因此，越來越多的業內人士關注葡萄影響葡萄酒質量的細節問題，葡萄樹齡對葡萄酒質量的影響便是其中之一。

葡萄樹體生命周期大至要經歷胚胎期、幼樹期、生長結果期、衰老死亡期，不同生長階段的葡萄樹生長特點不同，且必然對葡萄果實的產量和質量產生影響。

葡萄樹體在不同的年生長周期中，由於葉片和果實的自然脫落和採收，絕大部分的新梢被修剪去掉，所以，樹體各部分器官，隨著樹齡的變化而變化的主要包括根系和樹幹，或者說葡萄樹齡對葡萄質量的影響主要來自於根系和樹幹。

樹幹

樹幹除了有支撐樹體的作用外，其作用主要是輸導和貯存營養。隨著樹齡的增加，樹幹增粗，貯存養分的功能增強，輸導組織在不受到意外破壞的情況下也會增加，這有利於當年或者次年葡萄樹體的生長。但是，對於同一株樹體，由於修剪架式與樹形是確定的，當樹幹貯存養分（以及部分來自於根系）能夠滿足留芽萌發需要之後，貯存養分能力增強對於葡萄質量影響程度將越來越小，並且這種變化遠快於根系的變化。

根系

與地上部分相反，根系——葡萄樹體地下部分，在不同年生長周期間，幾乎完

全保留(未被修剪),所以根系隨著樹齡的變化在不同年生命周期之間變化最大。

根系的生長發育大致可以分為三個階段:

①生長階段

從植株定植開始,根系不斷在土壤中橫向和縱向生長、擴展。在這一階段,不同年度之間葡萄樹體地上部分生長,隨著根系的生長變化而變化。不同的品種,這一階段可以持續7~15年,並受到土壤結構、肥力以及栽培技術的影響。

② 成熟階段

根系在土壤中擴展速度放緩甚至停止,形成了根系的主體骨架結構,每年根系的骨架上生出新根,其變化在年生長周期間相對平緩,該階段葡萄樹體生長平穩,因而葡萄質量穩定。

③ 衰老階段

隨着樹齡增加,根系進入老化階段,新根發生能力下降甚至喪失,樹勢衰退,產量下降。

葡萄根系這種生長發育總趨勢能夠影響其貯存和吸收功能,進而影響到地上部分的生長發育,甚至果實的產量和質量。另一方面,葡萄根系在土壤中分佈主要集中於淺層土壤30~60厘米深,尤其是在幼樹階段或者人工頻繁灌溉葡萄園中更為明顯。

根系集中於土壤淺表層,使根系的活性和吸收水分養分受降雨以及氣溫(地溫)變化較為明顯,導致樹體生長不平穩,引起果實質量變化。如:果實生長發育成熟關鍵時期氣溫驟變、晝夜溫差過大(過小)、果實成熟期降雨等,這些自然現象都會影響淺表層根系的活性,導致植株生長異常,引起果實質量變化。

隨著樹齡增長,根系生長進入平穩期,另外根系在土壤深層分佈比例加大,而使樹體抗外界環境變化能力增強(降雨、氣溫等),葡萄樹體生長平穩;同時根系在土壤中分佈更為廣泛,吸收營養的能力也就更強,這些都有利於果實質量的提高。

葡萄樹體這種平穩、旺盛生長、結果時期,除了遺傳因素外在很大程度上受栽培技術的影響,如灌溉技術與修剪技術,苗木嫁接與否等理想狀態下,這一時期可達60年之久,而栽培技術不得當,則可能使樹體迅速進入衰老期。

在評價葡萄樹齡對葡萄果實質量甚至葡萄酒質量的影響時,除了葡萄的絕對樹齡,還要考慮栽培管理技術對樹體生長發育的影響。

▲ 蘭斯大教堂裏葡萄收獲場景的彩玻璃

主要釀酒葡萄品種

葡萄作為一種經濟作物，有八千多個品種，常見的釀酒葡萄品種也有幾百個之多，瞭解釀酒葡萄不是一蹴而就的事情。「橘生淮南則為橘，生於淮北則為枳」，到底是「橘」還是「枳」，應視產地而定，瞭解釀酒葡萄的風味特點，如將其與特定的產地聯繫起來就容易多了。通常釀酒葡萄按照其成熟時的色澤，被分為「紅」「白」兩大系列——「紅」實為深紅，多為黑色；而「白」實為黃綠至淺黃色。

紅色釀酒葡萄

Cabernet Sauvignon 赤霞珠

Cabernet Sauvigno 與 Merlot 是世界上分佈最為廣泛的紅色釀酒葡萄品種，其釀造的葡萄酒年輕時往往具有類似青椒、薄荷、黑醋栗、李子等果實的香味，陳年後逐漸顯現雪松、煙草、皮革、香菇的氣息。

新世界的赤霞珠，比如來自美國加州納帕山谷的赤霞珠與法國波爾多產區的相比較，前者更富有成熟果實的味道。由赤霞珠釀造的葡萄酒，受葡萄採收時果實成熟度影響很大，若果實未完美成熟時採摘，所釀的酒會顯現出更明顯的青椒以及植物性氣味，相反，果實成熟完美，甚至是過熟狀態，那麼所釀造之酒會呈現出黑醋栗醬氣息，口感似果醬。

赤霞珠的另外兩個典型風味是薄荷和案樹氣味。薄荷氣味通常出現在那些溫暖，但仍偏涼的產區。出產在這樣產區的果實中不會積累大量的「胡椒嗪」(具有青椒氣味的物質)，比如澳大利亞的庫納瓦拉產區(Coonawarra)，美國的華盛頓產區(Washington)。另外似乎這種薄荷氣味也與土壤有關係，因為出產於波亞克(Pauillac)的赤霞珠具有這種特點，而出產於溫暖程度相似的瑪歌地區(Margaux)的赤霞珠卻不具有這個特點。赤霞珠中案樹油的氣味似乎與當地環境中是否種植有案樹有關，儘管葡萄樹與案樹的種植區域沒有直接的接觸，比如加州的納帕山谷 Napa Valley)、索諾瑪山谷(Sonoma Valley)以及澳大利亞一些產區出產的赤霞珠就是很好的例證。

赤霞珠的典型產區為：法國波爾多左岸以及格拉夫產區(Graves)，美國加州以及南澳庫納瓦拉(Connawarra)和西澳的瑪格麗特(Margaret)。

Merlot 美樂

單品種 Merlot，通常口感柔和，如絲絨般的口感，具有梅子氣息，其陳釀成熟速度快於赤霞珠。美樂釀造的酒有三種類型：柔和，果味豐富，單寧含量少的；果味充足，富含單寧並且單寧結構明顯的；

色澤偏棕，具有赤霞珠風格的。美樂釀造的葡萄酒的香氣往往具有櫻桃、士多啤梨、黑莓以及桑葚的氣息。

美樂葡萄的起源地和典型產區是法國波爾多產區右岸的聖達米利翁產區（Saint Émilion）和波美侯產區（Pomerol）。聖達米利翁產區部分酒莊也會使用少量品麗珠或赤霞珠與美樂進行調配，而波美侯產區幾乎完全是採用美樂釀酒。

用單品種美樂釀造出來的新鮮型葡萄酒呈漂亮的深寶石紅帶微紫色，果香濃郁，常有櫻桃、李子和漿果的氣味，酒香優雅，酒質柔順，早熟易飲。

Cabernet Franc 品麗珠

Cabernet Franc 釀製的紅葡萄酒較赤霞珠柔順易飲，口感細膩，單寧平衡；有覆盆子、櫻桃或黑醋栗、紫羅蘭、菜蔬的味道，有時會帶有明顯的削鉛筆氣味。不同產區的香氣會有差別，冷涼產區品麗珠釀製的紅葡萄酒往往會具有青椒氣味。紫羅蘭氣息則是品麗珠品種識別的主要典型特徵。

在法國波爾多，由於赤霞珠葡萄釀出的葡萄酒結構太強，需要單寧稍少、結構稍弱的品麗珠來調和，使之結構適中，且又耐陳釀。對於美樂，品麗珠豐富的果香可以使其釀出的酒香氣更加濃郁、更具有層次感。因此，品麗珠在法國波爾多主要用來與其他品種（如赤霞珠、美樂等）配合以生產出高品質的紅葡萄酒。

品麗珠的典型產區是：法國波爾多右岸以及盧瓦河谷的布格宜（Bourgueil）、聖尼古拉布格宜（Saint Nicolas de Bourgueil）和希儂（Chinon）。

Pinot Noir 黑皮諾

Pinot Noir 為早熟的釀酒葡萄品種，通常種植於氣候偏冷涼地區，其所釀造的葡萄酒色澤往往不似赤霞珠或美樂深厚，但是成熟度好的黑皮諾往往具有很好的陳年潛質，口感優雅細膩。香氣往往具有黑櫻桃、士多啤梨、覆盆子、成熟的番茄、紫羅蘭、玫瑰花瓣、黑橄欖等氣息。

用黑皮諾釀造的葡萄酒年輕時主要以櫻桃、士多啤梨、覆盆子等紅色水果香為主。陳釀後，又會出現甘草和煮熟甜菜頭的風味。陳釀若干年後，帶着隱約的動物和松露香，還有甘草等香辛料的香味。

黑皮諾通常被認為是一個非常挑剔、難以伺候的葡萄品種，釀造出品質優異的黑皮諾成為很多釀酒師的追求。黑皮諾也是紅葡萄釀造白葡萄酒的代表品種之一，香檳地區出產的香檳，很多是添加了黑皮諾釀造的。

黑皮諾的典型產區為法國的布根地以及香檳。

Shiraz/Syrah 西拉

Shiraz/Syrah 作為一個被廣泛種植的釀酒品種，其廣泛程度，在紅色品種中可能只有美樂和赤霞珠能與其相比。其釀造的葡萄酒，風味與香氣儘管與氣候土壤以及工藝有很大關係。但是，通常具有紫羅蘭以及黑色水果、朱古力、咖啡以及黑胡椒氣息，尤其黑莓、胡椒是其典型香氣，陳釀後出現皮革、松露氣息。由於西拉葡

▲ Cabernet Sauvignon 赤霞珠　　　▲ Merlot 美樂　　　▲ Cabernet Franc 品麗珠　　　▲ Pinot Noir 黑皮諾

萄風味濃郁，單寧較多，通常需要很好地陳年後方能適飲。

由於調配了其他的葡萄品種，通常其風味也就會發生顯著變化。西拉所釀造的葡萄酒通常有以下四種類型：

單品種西拉葡萄酒，主要出產於法國隆河谷（也稱羅訥河谷）的赫米塔基（Hermitage）以及澳大利亞。

西拉與少量維歐尼（Viognier）混合調配，主要出產於法國隆河谷的羅迪丘（Côte-Rôtie）以及澳大利亞個別酒莊。

西拉與赤霞珠混合調配，這種調配首先出現在澳大利亞，之後流行於其他葡萄酒新世界。

西拉與歌海娜（Grenache）、穆特懷特（Mourvèdre）混合調配，這是法國隆河谷的教皇新堡產區採用的調配主要品種，而在澳大利亞這種調配的酒被稱為「GSM」。

西拉的典型產區為法國北隆河谷北部和澳大利亞。

Grenache 歌海娜

儘管市面上也存在單品種的 Grenache 葡萄酒，但是這個品種更多用來與其他品種（如西拉、佳利釀、神索）調配，用來增加葡萄酒的果味，但是又不會增加其單寧。

歌海娜釀造的葡萄酒主要特點是色澤鮮艷，多為紫紅色，香氣通常具有懸鈎子、士多啤梨氣息。在乾熱地區或者產量較低時，多表現為黑莓、黑橄欖、咖啡、皮革以及黑胡椒、烤果仁氣息；而在偏涼地區或者產量偏高時，又會呈現出泥土、香草，甚至薄荷、荔枝等氣息。歌海娜釀造的桃紅葡萄酒通常具有士多啤梨、奶油氣息，而甜型（VDN 或者澳大利亞的波特風格葡萄酒）葡萄酒則具有咖啡以及果仁氣息。

歌海娜的典型產區為法國南隆河谷、朗多克以及西班牙納烏拉（Navarra）以及裏奧哈（Rioja）等地區。

Nebbiolo 內比奧羅

Nebbiolo 釀造的葡萄酒典型風格是高酸度、高單寧。通常所釀造的葡萄酒需要經過嚴格陳年後方能適飲，因此，內比奧羅葡萄酒香氣往往是陳釀後的酒香，焦油、玫瑰是其典型香氣，還有果乾、皮革、甘草、桑甚等香氣。

▲ Shiraz/Syrah 西拉　　　　▲ Grenache 歌海娜　　　　▲ Nebbiolo 內比奧羅

內比奧羅分佈範圍很狹窄，主要集中在意大利皮埃蒙特地區的巴洛洛（Barolo）和巴巴瑞斯克（Babarescco）地區，但是，由於其超長的陳年潛質而受到葡萄酒發燒友的追捧。

Sangiovese 桑嬌維塞

Sangiovese 葡萄釀造的葡萄酒通常酸度很高，單寧中等偏高，但是其色澤不是很濃厚，與其他品種調配可以明顯提升其品質，比如常用的手法：與赤霞珠調配。但是赤霞珠即使用量很少，也會帶來明顯的黑醋栗、黑櫻桃的香氣。陳年後桑嬌維塞的香氣便會顯現出來，呈現櫻桃、紫羅蘭以及茶的氣息。

桑嬌維塞是意大利奇揚第、布魯諾蒙塔遲諾（Chianti、Brunello Di Montalcino）和諾貝爾蒙特普羌（Vino Nobile Di Mohtepulcian）產區的主要品種。在奇揚第產區，以前通常用桑嬌維塞混合其他品種，如白玉霓（在意大利稱 Trebbiano）釀造酸高味苦的葡萄酒。

Tempranillo 當帕尼羅

Tempranillo 多被用於調配，很少出單品種酒。因為酸度偏低，通常與歌海娜、佳麗釀、美樂和赤霞珠進行調配。當帕尼羅是西班牙的里奧哈（Rioja）以及鬥羅河畔（Ribera del Duero）的主要品種。在澳大利亞，當帕尼羅用於與歌海娜和西拉調配。在葡萄牙當帕尼羅被稱為 Tinta roriz，是用來生產波特酒的主要原料。

當帕尼羅釀造的葡萄酒可以在其年輕時飲用，但是出產於里奧哈及鬥羅河畔的酒需要陳釀了多年方能飲用。當帕尼羅酒色澤偏暗呈紅寶石色，通常有黑漿果、黑加侖氣息，陳釀後又會出現煙草、香草、皮草和藥草的氣息。

當帕尼羅的典型產區為西班牙里奧哈及鬥羅河畔。

Carménère 佳美娜

Carménère 釀製的葡萄酒酒體顏色呈紫色，香氣清新，往往帶有士多啤梨、青椒、李子氣息，口感柔順，單寧感比赤霞珠弱。佳美娜葡萄酒可以在年輕時飲用，

▲ Sangiovese 桑嬌維塞

▲ Tempranillo 當帕尼羅

▲ Carménère 佳美娜

其質地極佳，色澤、香氣豐富，中度酒體，單寧豐滿，味道濃厚飽滿，辛辣。

佳美娜原產於法國波爾多，是波爾多的法定品種，但是現在那裏幾乎沒有栽培。目前佳美娜成為智利的招牌品種，曾被誤作美樂，混種在美樂葡萄園中，因此在很多智利的葡萄酒會自覺不自覺地混有一些佳美娜的特點。

Malbec 馬爾貝克

法國西南部地區卡奧斯（Cahors）出產的 Malbec（馬爾貝克，又譯馬貝克，馬爾白克）葡萄酒顏色深重，具有黑莓、葡萄乾以及煙草氣息，常常伴有泥土味，口感圓潤飽滿。而阿根廷的馬爾貝克葡萄酒酒體結構豐富，強勁醇厚，顏色幽深，單寧量高卻細膩。酒年輕的時候有紫羅蘭的花香和李子果的香氣，成熟後帶有成熟的李子、覆盆子、桑葚、黑莓等紅色漿果香以及茴香等香料的氣息，伴有焦油、皮革的香味。

馬爾貝克原產於法國西南地區，也是波爾多的法定品種，但是目前少有栽培。目前馬爾貝克成為阿根廷的招牌品種。

Vitis Amurensis 山葡萄

Vitis Amurensis 釀造的葡萄酒色澤尤其深厚，似墨汁，具有黑棗、黑莓氣息，酸度極高，單寧適中。山葡萄是一個獨特的葡萄品種，在分類學上與上述歐洲葡萄完全不同。其原產於中國東北通化地區以及俄羅斯部分地區，這些地區氣候偏冷，所釀造的酒往往酒精度偏低。

白色釀酒葡萄

Chradonnay 霞多麗

Chradonnay 作為世界上分佈最為廣泛的白色釀酒葡萄品種，其風味特色主要有以下幾種類型：夏布利（Chablis）為代表的冷涼氣候霞多麗葡萄酒，這種類型霞多麗葡萄酒往往具有青蘋果、桃子以及礦質氣息，口感清爽活潑，酒體中等。法國南部、澳大利亞以及美國加州等炎熱氣候類型霞多麗葡萄酒，往往具有菠蘿、哈密瓜、甚至蜂蜜氣息，口感厚實圓潤。另外還有以布根地的朋丘（Cote de Beaune）為代表的氣候類型下出產的霞多麗，其氣候特

▲ Malbec 馬爾貝克　　　　　▲ Vitis Amurensis 山葡萄　　　　　▲ Chradonnay 霞多麗

點介於前兩者之間，該產區的葡萄酒以蒙哈榭（Montrachet）、高登-查理曼（Corton-Charlemagne）以及墨索（Meursault）出產的最為知名。

霞多麗的另一個重要舞臺是香檳。用於釀造香檳或者起泡酒的霞多麗通常生長在偏冷地帶，在完全成熟前就採摘，以保證其高酸爽口的特點，由此賦予了香檳清新的香氣和活躍的口感。一般而言，霞多麗採用比例越高，風味越清新爽口，帶有濃郁的果香與蜂蜜香。由霞多麗所制的起泡酒以法國香檳區所產最佳，其中以白丘（Cote de Blancs）最為著名。

Riesling 雷司令

Riesling 葡萄不僅有一個動聽的名稱，其所釀造的葡萄酒也是備受推崇。由雷司令葡萄釀造的酒風格多樣，從乾酒到甜酒、貴腐型酒、冰酒，乃至乾漿果酒等各種類型的酒應有盡有。

由於種植區氣候和土壤的特點，使其成熟採摘時的糖、酸比較低，通常釀成低酒精含量、略帶甜味的葡萄酒，以加強其果味。雷司令葡萄酒通常具有很好的陳年潛質，在年輕時往往具有清新的花香以及檸檬、礦物質等氣息，口感清新、清爽、活潑。而陳年後香氣出現明顯的石油、燧石氣息。

雷司令經典產區是法國亞爾薩斯（Alsace）以及德國莫塞爾（Mosel）、萊茵高（Rheingau）等冷涼地區，但是在澳大利亞也有不凡表現，形成風格獨特的乾熱氣候下的雷司令葡萄酒。

Sauvignon Blanc 長相思

Sauvignon Blanc 葡萄所釀造的葡萄酒，通常是作為識別品種的經典樣本，其獨特的香氣，往往是消費者極端喜歡或者不喜歡的理由。這種獨特的香氣被描述為貓尿味，或者黃楊木氣味、番茄葉子或者割青草氣味。

法國盧瓦河谷地區桑賽爾（Sancerre）和普依弗美（Pouilly Fumé）產區出產的長相思葡萄酒具有香氣柔和、清新，口感柔和細膩，往往具有清新的酸度和礦物質的口味。與此相對應的是新西蘭馬爾博勒（Marlborough）地區出產的長相思葡萄酒，香氣濃烈，口感活潑、爽直，往往酒體偏

▲ Riesling 雷司令

▲ Sauvignon Blanc 長相思

▲ Semillon 賽美容

薄。

在智利以及美國加州等偏熱地區也出產長相思葡萄酒,但是其風格特點為果味濃郁,具有蜜桃氣息,口感圓潤。

波爾多出產的長相思葡萄酒是另外一種類型的代表——這裏出產的長相思往往具有很好的陳年潛質,不似上述產區所釀造的葡萄酒都需要快速消費,並且波爾多出產的長相思往往與賽美容調配,並且經過橡木桶陳釀,因此其長相思葡萄的風味特點往往不如新西蘭等產地突出,但是口感更悠長。

長相思除了釀造乾型的葡萄酒外,在法國波爾多的索甸(Sauternes)、巴薩克(Barsac)以及法國西南的蒙巴扎克(Monbazillac)地區還用來釀造貴腐葡萄酒,這種葡萄酒往往具有杏乾、桃脯以及柑橘醬氣息。

Semillon 賽美容

Semillon一直被遮蓋在長相思的影子中,由於其酸度低而口感相對豐厚,與長相思酸度高口感偏瘦正好互補,在波爾多地區無論是釀製乾白還是甜白,這兩個品種都是相互搭配使用。而在澳大利亞獵人谷,賽美容往往與霞多麗搭配使用。

用賽美容釀出的葡萄酒顏色金黃,酒精含量高,酸度較低,果香較淡。新鮮的賽美容葡萄酒會散發出一種淡淡的檸檬和柑橘類香氣,隱約表現出藥草、蜂蜜和雪茄的味道;經過橡木陳釀後,又會擁有一種羊毛脂的味道。

賽美容的主要產區為法國波爾多和澳大利亞。

Chenin Blanc 白詩南

Chenin Blanc葡萄有馥鬱的香味,常帶有桃子、核桃乾果、杏仁、蜂蜜等味道,隨着陳釀逐漸變為羊毛脂和臘質香。乾型的白詩南還會帶些青蘋果、青梅的味道,加上些花香、礦物質的味道和甘草的氣息。有時即使是完全的乾型白詩南酒,如位於法國盧瓦河上游的武弗雷(Vouvray)產區出產的白詩南,聞起來也會有一點甜味。

白詩南乾白酒、起泡酒和甜酒的品質都不錯,大多適合年輕時飲用,有的也可陳年。另外白詩南也適合釀製遲採收和貴

▲ Chenin Blanc 白詩南

▲ Pinot Gris 灰皮諾

▲ Gewurztraminer 瓊瑤漿

腐甜白酒，以里永山坡（Coteaux du Layon）的卡特德曉牟（Quarts de Chaume）和包呐早（Bonnezeaux）最為知名。

白詩南產區主要在法國盧瓦河地區，此外，白詩南在南非也有上乘表現。

Pinot Gris 灰皮諾

Pinot Gris 釀造的葡萄酒往往口感偏重，具有明顯的結構感，具有青蘋果、蘆笋氣息，間或有蜂蜜、野花、煙熏氣息。

法國亞爾薩斯出產的灰皮諾通常具有很好的陳年潛質，而德國、意大利東北部出產的灰皮諾多口感清淡，適合年輕即飲。另外，美國俄勒岡以及加州也有出產，風格在亞爾薩斯與意大利出產的灰皮諾之間。

Gewurztraminer 瓊瑤漿

Gewurztraminer 葡萄酒往往香氣濃郁，具有明顯的蜂蜜、荔枝、玫瑰花瓣氣息，酒體飽滿，以半甜或者甜型居多，以法國亞爾薩斯為典型產區。該地區的瓊瑤漿葡萄酒香氣濃重豐厚，入口圓潤絲滑，帶有熱帶水果、花香和乾性的口味，以至

成為全世界瓊瑤漿葡萄酒的標準。其他較為著名的產地還有德國，產自德國的瓊瑤漿葡萄酒也有上乘的品質，酒的類型要豐富得多，從乾、半乾到甜酒都有。

Muscat 玫瑰香

葡萄園裏，最好吃的葡萄應屬 Muscat 家族品種。玫瑰香家族葡萄普遍具有明顯的甜花香味、麝香味，令人聯想到玫瑰花瓣、水果糖的氣味。玫瑰香葡萄酒通常具有玫瑰花香型（清新的荔枝、玫瑰花瓣氣息，陳化後出現煮紅薯氣味），用於釀酒的玫瑰香葡萄有以下幾個品種：

亞歷山大玫瑰（Muscat of Alexandria）（在意大利也稱為 Zibibbo），用於釀製雪利酒以及 passito 甜葡萄酒，主要在西班牙雪利酒產區以及意大利大部分產區。

小白玫瑰香（Muscat Blanc à Petits Grains），比亞歷山大玫瑰果粒小，在法國南部博姆-德-維尼斯（Beaumes-de-Venise）用於釀造天然甜型葡萄酒（VDN）以及亞爾薩斯地區、意大利的阿斯蒂（Asti）。

黑玫瑰香（Muscat Hamburg），在中國北方廣泛種植的玫瑰香葡萄，多用於鮮

▲ Muscat 小白玫瑰

▲ Vidal 威代爾

▲ 龍眼

食，在天津茶澱地區也有被用作釀造簡單的半乾白葡萄酒。

Vidal 威代爾

Vidal 葡萄具有很好的抗寒性，通常在新世界用作釀造冰酒，如加拿大安大略省。威代爾葡萄釀造的葡萄酒果香濃郁，但不夠豐富細膩，酒質酸性高，酒味略顯平淡。經過橡木桶陳釀的威代爾冰酒，呈現亮麗的金黃色澤，有馥鬱的香氣及細膩柔滑的口感，常有柑橘、菠蘿、柚子、杏以及蜂蜜的味道。酒體豐碩飽滿，回味持久，富有層次。

龍眼

龍眼是少數的紅葡萄釀造白葡萄酒品種之一，也是原產於中國的葡萄品種，在日本也有種植並用來釀酒。河北沙城地區利用當地栽培的龍眼釀造出清新宜人的半乾白葡萄酒，並多次獲得中國國內、國際大獎。龍眼釀製的白葡萄酒顏色微黃帶綠、晶亮，具有新鮮悅怡的果香，似白梨以及淡淡菠蘿氣息，口感醇和、柔細、爽淨。

葡萄是一種農產品，其品質與風味受產區土壤、氣候的影響，釀酒師通過葡萄這個媒介展示出這種自然風土氣候的特色，同時表達自己的理念，這樣就有了葡萄美酒。葡萄酒中除了葡萄本身的風味，還有釀酒過程中工藝帶來的風味，如當人們描述葡萄酒中牛油、酸奶、奶香就是源自蘋果酸-乳酸發酵；香草、可可、煙熏味往往是源自橡木桶；而甘草、桂皮、皮革等氣息卻又是源自葡萄酒的陳年過程。

沿着葡萄的風味認識葡萄酒是正確的路徑，但葡萄酒卻又是複雜的。沿着正確的道路前進時，別忘了欣賞周邊的風光。

Chapter 5
買酒、藏酒、侍酒

葡萄酒因其種類繁多、風格多樣而吸引人們探索葡萄酒的世界，但懂得選擇、儲藏葡萄酒還遠遠不夠，擁有了葡萄美酒，更要懂得侍奉、享用葡萄酒。

全面地領略葡萄酒的風采，專業的知識、專業化的準備是必須具備的，更重要的還有一點——「慢生活」的心態。

葡萄酒購買渠道

選購一款可心的葡萄酒並不是一件很容易的事情，甚至有人感嘆找到喜歡的葡萄酒如同找對象一樣——可遇不可求。儘管不容易，生活中卻沒有人願意主動放棄尋找人生中屬於自己的另外一半，想喝葡萄酒的人總是有辦法，能找到自己心儀的美酒。

酒莊購酒

　　大多數葡萄酒產區同時也是旅遊勝地，擁有許多旅遊甚至美食資源吸引着遊客。無論是瀕海還是內陸，適合種植釀酒葡萄的地區夏季的氣候總是怡人的，葡萄酒產地旅遊、參觀酒莊也就成了常規的旅遊項目。在酒莊既可以耳聞目睹葡萄酒生產的全過程，又可以直接品嘗葡萄酒，發現能夠打動自己的酒，買一些豐富自家酒窖，還可作為旅遊的記錄。

　　在酒莊購買葡萄酒，除了具有先嘗

後買的優勢，更重要的是葡萄酒所承載的文化內涵，在你購買酒的同時也被一併收藏進了自家的酒窖。在你為親朋好友開瓶的時候，你一定會和他們一起分享當初你選擇這款酒的理由！

　　不過，在酒莊購買葡萄酒價格上並無優勢，因為酒莊在定價時總是要保護自

Tips

生活在葡萄酒產區的人就更幸運了，酒莊有時在生產工作相對悠閑的季節會組織開放日，舉辦一些相關活動，品嘗葡萄酒當然是主要的，幸運的話，還可以品嘗到老年份的葡萄酒。

己固定的銷售渠道。其實，即使一樣的價格，購買者已經獲得了超值享受，因為瞭解到瓶子背後更多的故事。

專賣店購酒

葡萄酒銷售與消費市場比較成熟的地區，就會出現專門經營葡萄酒及其相關產品的專賣店，葡萄酒專賣店也是一個很好的購買葡萄酒的途徑。在這裏購買葡萄酒可以獲得專業的服務，如果你是葡萄酒收藏者，在專賣店有時能看到自己心儀已久的稀世佳釀。如果你想購買葡萄酒，卻不清楚自己的購買要求，專賣店可以提供相應的顧問服務。

由於專賣店提供了專業性服務，如葡萄酒儲存的專業條件等，因此通常葡萄酒的價格較高。如果僅僅購買供日常消費的普通葡萄酒，就不需要通過專賣店這種渠道。

超市購酒

面對生活節奏越來越快的壓力，更多的人選擇超市這種一站式購物方式。商品種類齊全、價格低成為超市經營吸引顧客的重要法寶。幾乎所有的大中型連鎖超市都有葡萄酒專區，超市購買葡萄酒自然是最容易、最普遍的方式。

超市中也經常會舉辦葡萄酒與美食的促銷活動，活動中能買到打折葡萄酒。到超市買酒最大的優勢是方便、價格便宜，但是，在超市買到令人失望的葡萄酒的機率要大於前面兩種途徑。

酒展購酒

儘管展會上通常不能銷售，但是，撤展前是可以跟參展者協商購買葡萄酒的。隨着葡萄酒消費市場日益擴大，葡萄酒的博覽會、展銷會也就頻頻出現，甚至在酒店用品、美食等展覽會中也會有葡萄酒的影子。這些展會上，葡萄酒品種琳琅滿目，雖然看不到酒莊建築與風景的壯麗，但是同樣可以先嘗後買，並且可以「通吃」各地的莊園。

但是，很多專業性的酒博覽會往往限制一般參觀性訪問，只接納專業人士，至少在最初的幾天是這種情況。參加酒展時不要吝惜自己的讚美之詞，有時候會有意外收穫！

網上購酒

網上購物隨着互聯網的普及越來越風行，網上購買葡萄酒為發燒友尋找稀缺、獨特的小眾珍品提供了便利，但由「虛」的網絡與信息，到「實」的錢與酒的轉換中，風險顯然大於一手交錢一手交貨的對手交易。

購買渠道和利弊	
酒莊	先嘗後買，收穫葡萄酒背後的故事，無價格優勢
專賣店	專業服務，專業設備和顧問，但價格較高
超市酒展	價格優勢，方便、快捷、便宜，但買到令人失望的酒的機率大於前兩者 足不出戶，先嘗後買，通吃各地，但往往僅限於專業人士參加
網絡	便捷與風險同在，便於尋找稀缺品種，但一「虛」一「實」間存在風險

鑒酒有法——葡萄酒質量鑒別

外觀判斷

購買葡萄酒之時，可以通過酒瓶的外觀信息判斷葡萄酒的質量，包括以下幾個方面：

瓶內物觀察

對著光源，倒立酒瓶，觀察是否有沉澱物，假如有絲狀、絮狀沉澱物，表明酒質存在問題；但是，經過一年以上存儲的紅葡萄酒，出現少量的黑色粉末狀沉澱屬於正常現象，這是葡萄酒中天然的色素、單寧沉澱，不影響飲用。

瓶外包裝物觀察

A. 酒標是否有污損。通常，保存良好的葡萄酒酒標整潔，無污漬、破損（對於稀世或者陳年老酒另當別論）。

B. 背標信息是否完全。葡萄酒背標應當標注明以下信息：原料，含量，執行標準，產品類型，廠名，地址。

C. 進口葡萄酒必須有中文標籤，僅有外文標注的葡萄酒來源不可靠。

D. 膠帽（葡萄酒瓶封口的材料）是否整齊、牢固，是否有脹塞（軟木塞已經超出瓶口位置）、漏酒的現象。有脹塞、漏酒現象的葡萄酒不要購買。

E. 瓶內酒液面高度與膠帽下緣的距離通常不會超過1厘米。

開瓶識別

開瓶後，可以進行感官品評鑒定葡萄酒的質量，主要要領如下：

看顏色

A. 將葡萄酒倒入無色透明的玻璃杯，對著光源，觀察其是否清澈、透亮。

B. 以白色為背景，觀察杯內葡萄酒的色澤。

年輕的紅葡萄酒通常具有紫紅、石榴紅、寶石紅等鮮亮的紅色調，經過多年儲存的紅葡萄酒，紫色調減少，顯現黃色調，通常呈現磚紅、瓦紅等棕色色調。

完全呈現棕色，無明顯紅色調的葡萄酒，通常是存放過久或者存放不當所致。

年輕的白葡萄酒，通常具有淺黃、微微泛綠，隨著年齡的增加，綠色逐漸消失，出現更多的黃色調，甚至於呈現金黃色。

呈現鉛色或栗色的白葡萄酒，通常是存放過久或者存放不當所致。

聞香味

質量好的葡萄酒通常具有濃郁、清晰的果香、花香、酒香，而當聞香時發現葡萄酒出現黴味、硫味、臭雞蛋味、汗味、醋味時，則表明葡萄酒已經變質。

有時為了更好地識別葡萄酒的香氣，

需要搖動酒杯，使得葡萄酒的香氣充分釋放，有助於聞香。

品酒味

葡萄酒的基本味道主要包括：酸、甜、澀，好的葡萄酒，其酸、甜、澀的感覺是平衡的、愉悅的，下咽之後回味乾淨、悠長；而質量低劣的葡萄酒往往口感不平衡，呈現過酸、過澀或者過甜的味道，幾乎沒有回味。

存酒有方——延續葡萄酒的生命

葡萄酒是有生命的,在保存的過程中,其品質會發生變化,無論保存條件如何,這種變化是不可阻止的,但是,變化的速度可以通過調控保存條件加以控制。如果有條件,可以建造一個私人的酒窖,專門保存葡萄酒。

酒窖

如果沒有商業經營使用需要,單純的私人酒窖,往往不需要多大,甚至有人在自家別墅的客廳內建造出令人滿意的酒窖。建造一個酒窖,需要考慮以下基本條件:

規模

以每天喝掉一瓶葡萄酒(對於一個4口之家而言,這種消費水平也已經超過法國人均水準了),需儲存1000瓶葡萄酒的需求計算,一個2立方米左右的酒窖足以滿足要求,這可以視為家庭酒窖的最大規模(擁有地下酒窖的豪門家庭除外)。

溫度

長期儲存葡萄酒的理想溫度條件是12~14℃,但是通常5~20℃溫度範圍都是可以接受的,只要溫度相對恒定。在此範圍內,溫度越高,酒成熟得越快,反之,溫度越低,酒成熟得越緩慢。

濕度

濕度是儲存葡萄酒的另外一個重要環境條件,理想的環境濕度為70%~75%,濕度過大,容易造成生黴、打濕酒標;而濕度過低,容易使酒因揮發損失過快。

光照

保存葡萄酒需要避光,即使由於人的進出需要光照,也應當選用黃光、紅光等光源。

氣味

酒窖中絕對要避免異味物質,並且應當具備人工強制通風條件,以備不測。

酒櫃

居住公寓式樓房的人不具備開鑿私人地下酒窖的條件，這也不妨礙私人儲存葡萄酒，家庭電子酒櫃可以滿足這一需求。

種類

電子酒櫃按製冷方式分類有半導體製冷酒櫃、壓縮機製冷酒櫃。

▲ 添福閣（Transtherm）酒櫃

① 電子半導體酒櫃

電子半導體酒櫃就是通過給半導體製冷器接上直流電，通過吸收電熱而製冷，幾分鐘就可以小範圍結上一層冰霜。

半導體酒櫃特點：

無震動。因為是採用電子芯片製冷系統，無壓縮機運行，所以基本無震動。

無噪聲。無壓縮機運行，噪聲小，可保持在30分貝以下。

無污染。沒有壓縮機，無製冷劑，無二次污染。

重量輕。由於沒有壓縮機及複雜製冷系統，重量大為減輕。

價格低。相對便宜。

半導體酒櫃具有製冷效率低、控溫範圍有限（很難達到10~12℃）、對使用環境溫度要求高、使用壽命短等缺點。

② 壓縮機製冷酒櫃

壓縮機製冷酒櫃是以壓縮機機械製冷為製冷系統的電子酒櫃。

壓縮機製冷酒櫃特點：

製冷快。壓縮機製冷速度較快，重新製冷時間更短，壓縮機製冷時間約為電子製冷時間的20%~30%。

製冷效果好。最低溫度能到5℃；溫控範圍大，一般為5~22℃。壓縮機酒櫃受環境溫度影響比較小。即使是高溫環境，酒櫃內溫度依然能達到葡萄酒的理想儲藏溫度，而半導體酒櫃只能比環境溫度低6~8℃。

性能穩定。採用壓縮機製冷技術，技術成熟，性能穩定，不容易出故障。

因為技術成熟，而且一般使用變頻技術，壓縮機間歇性工作，所以壓縮機酒櫃使用壽命比較長。壓縮機酒櫃一般使用壽

命達8~10年；而半導體酒櫃一般是3~5年。

壓縮機製冷酒櫃往往價格高，重量大。

電子酒櫃維護

A. 每半年更換一次酒櫃上方通氣孔的活性炭過濾器。

B. 每兩年清理一次冷凝器(酒櫃背面的金屬網)上的灰塵。

C. 搬動或清掃酒櫃前請認真查看插頭是否已經拔出。

D. 如層架為木質，每一至兩年更換一次，以防高濕度狀態下實木層架的變形和腐蝕對酒造成的安全隱患。

E. 每年徹底清洗一次酒櫃，清洗前請先拔出插頭，並清空酒櫃，然後使用軟布或海綿，蘸水或肥皂(無腐蝕性的中性清洗劑均可)擦洗。清洗後用乾布擦淨，以防生鏽。勿用有機溶劑、沸水、洗衣粉或酸等物質清洗酒櫃。不能用水沖洗酒櫃；勿用硬毛刷、鋼絲清洗酒櫃。

F. 不施重壓於酒櫃內外，不要在酒櫃頂部臺面放置發熱器具和重物。

G. 酒櫃擺放的位置要避光、通風、無熱源、無異味、無震動等。

對酒櫃理解上的誤區

① 壓縮機決定酒櫃的品質，但遠非全部

溫度恒定是考核酒櫃的一個關鍵指標，要達到溫度恒定，除關鍵部件壓縮機外，其他如溫度控制器、櫃體絕緣、玻璃門保溫隔熱性、門封條密閉性等，都至關重要。

② 專業酒櫃不會是實木的

通常大型的酒櫃，容量在200瓶左右，裝滿後重量達300多公斤，所以酒櫃櫃體的加固及承重很重要，如果酒櫃選用實木，長時間使用極易變形影響溫度精准。同時，由於酒櫃內需要的濕度較高，實木在長時間高濕度環境下，也易變形發黴。

③ 酒櫃不是冰箱

酒櫃之所以在價格上比普通冰箱貴了幾倍，是因為酒櫃承擔了諸多冰箱所無法達到的功能。

專業酒櫃之「專業」

① 專業酒櫃控溫精確

酒櫃內有專業精密壓縮機和溫度控制器，對溫度控制的精確性和穩定性都比冰箱好。冰箱裏實際的溫度與設定的溫度相差比較大，經常處於不穩定狀態，很難保證葡萄酒儲存的溫度需求。

② 專業酒櫃可以調節濕度

酒櫃有完善的通風系統，通過酒櫃內溫度與櫃外溫度的差異，使酒櫃內產生濕氣，可以適當增加內部濕度。冰箱對於通風和濕度調節就遠遠沒有這麼專業。

③ 專業酒櫃避震性好

震動會加速葡萄酒化學反應的速度，對於葡萄酒成熟過程有相當大的影響。酒櫃內部有精密的防震壓縮機，工作時緩慢、平穩，與酒櫃主體並不直接接觸，大大降低各種震動。冰箱沒有這樣精密的防震設施，所以有時候把手放在冰箱上，都能感覺到發動機產生的震動。

④ 專業酒櫃避光性好

同為可透視玻璃門，專業酒櫃具有雙層防紫外線玻璃門，能有效防止紫外線對葡萄酒的侵害。而玻璃門冰箱不具備此功能。

葡萄酒侍奉要領

葡萄酒是有生命的，在存放的過程中仍然會發生變化，喚醒沉睡的美酒，需要耐心、細心的服務。所以，通常將儲存的葡萄酒呈獻給飲用者享用的過程，稱之為侍酒。

葡萄酒不僅種類繁多，風格各異，而且在享用時，也要進行一些專業化的準備，它的風采方能全面展現出來。從這個角度來說，葡萄酒是「慢生活」的重要構成要素。

擁有了葡萄美酒，如何享用它呢？

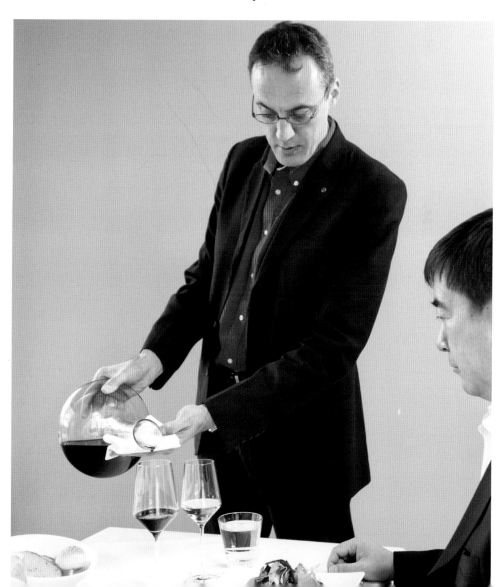

正確的飲用溫度

不同類型的葡萄酒，其風味口感，在不同的溫度下表現不同，通常酒體薄、酸度高的葡萄酒需要在相對低的溫度下飲用，酒體重、酒度高的葡萄酒需要在相對高的溫度下飲用。簡單地說按照甜葡萄酒、起泡酒、白葡萄酒、紅葡萄酒分，不同類型的葡萄酒最佳飲用溫度大致在4~18℃範圍依次升高。但是，這只是一般原則，視具體酒的特點可能有些差異，比如：意大利的普洛塞克起泡酒，年份香檳同為起泡酒，但是二者適宜飲用溫度差異很大，前者通常6~8℃即可，而後者往往需要在10~12℃下飲用。

常見的葡萄酒適宜飲用溫度

葡萄酒類型	舉例	適宜飲用溫度 / ℃
酒體偏輕的甜酒	德國的 TBA，波爾多貴腐	6~10
白起泡葡萄酒	無年份香檳	6~10
香氣濃郁、酒體偏輕的白葡萄酒	雷司令，長相思	8~12
酒體飽滿的甜酒	馬德拉酒，奧囉索雪利酒	8~12
紅起泡酒	西拉起泡酒	10~12
中等酒體的白葡萄酒	夏布利，賽美容	10~12
酒體偏輕的紅葡萄酒	寶祖利新酒，普羅旺斯桃紅	10~12
酒體飽滿的白葡萄酒	橡木桶陳釀霞多麗，隆河谷白葡萄酒	12~16
中等酒體紅葡萄酒	特級布根地，桑吉維塞	14~17
酒體飽滿紅葡萄酒	赤霞珠，內比奧羅	15~18

從酒窖或者酒櫃中剛取出的葡萄酒，一般溫度為12~14℃，如果是紅葡萄酒，飲用時就不需要再做溫度處理——開瓶、醒酒、倒入杯內，經過這些環節後，溫度基本在合理範圍。但是，如果是白葡萄酒、起泡酒或者甜葡萄酒，還必須置於冰桶內進行降溫。利用冰桶冷卻葡萄酒，根據冰桶容量，加入適量的冰塊，並灌入冷水，將酒瓶正放入冰桶大約5分鐘後，再將酒瓶翻轉置於冰桶內，2~3分鐘後，可以將酒瓶取出開瓶。斟酒後，將盛有剩餘酒的酒瓶置於冰桶內，有時需要視環境溫度情況以及酒質需要，將酒瓶取出置於室溫下。

開啟葡萄酒

開瓶器

開啟葡萄酒瓶需要專門的開瓶器——有時也被稱作酒刀。當然，也有越來越多的葡萄酒使用螺旋蓋等新的封堵方式，可以徒手開啟。

普通開瓶器主要由兩個部分構成：螺旋狀錐和手柄——螺旋錐用於鉗住軟木塞，通常是金屬材質，要求堅固，不易變形；手柄與螺旋錐呈垂直，要求具備一定強度。這是最簡單的T形開瓶器。有人開玩笑說：葡萄酒本是勞動人民的一種飲料，所以早期的開酒器就這麼簡單，因為開酒的人力氣很大，沒有問題。後來，喝酒的人「退化」了——有很多不再是體力勞動者，而是手無縛雞之力者，所以出現了「侍酒師之友」這樣省力氣的開瓶器。

其他的開瓶器都是在這種基本結構上

演變而成，尤其是增加了借助槓桿原理的支桿，可以使開瓶的動作更為優雅。在這個支桿的對角處，又增加了一個用來割膠帽的小刀片。在各種酒刀中大名鼎鼎的是侍酒師酒刀，但不適合初學者使用，尤其是開啟塞子較長的葡萄酒時更為困難。支桿為兩節，像兩個翅膀的蝴蝶式酒刀使用更為普遍。

▲ T形開瓶器

根據不同需要，開瓶器也是五花八門，比如大型酒會或品酒會，需要短時間內開啟大量酒瓶，使用便捷、省力的酒會用開瓶器是很有必要的。

▲ 侍酒師之友

開啟老酒時，既需要技術，更需要適合的工具，因為老年份的葡萄酒，其軟木塞可能很脆、失去彈性，容易斷塞或掉渣。右上圖就是一個很好的開啟老年份葡萄酒的工具。

▲ 侍酒師酒刀

有些酒不僅酒特殊，開瓶器也很特殊，比如老年份

▲ 酒會用開瓶器

的波特酒開瓶器，更像是一個火鉗，燒熱後夾在玻璃瓶的頸脖處，然後用濕涼毛巾裹住，瓶頸的玻璃經歷短時的熱、冷而斷裂開來，免去木塞掉渣的苦惱。

▲ 開啟老酒的工具

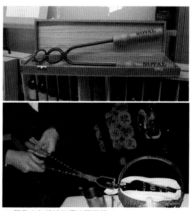
▲ 開啟老年份波特酒的開瓶器

開瓶步驟（靜止葡萄酒開瓶步驟）

① 割膠帽

② 清理瓶口

③ 將酒刀的螺旋錐旋入瓶塞。這是一個重要環節，需要把握兩個原則：
螺旋錐旋入瓶塞後要保持垂直，並且盡量在瓶塞中央。

④ 拔出瓶塞。利用瓶口為支點，將
瓶塞拔出。先用一手將酒刀支杆
短節固定在瓶口，另一隻手抬升
手柄的遠端，瓶塞被拔出一截
後，鬆開固定支杆的手，下壓已
經抬起的酒刀手柄，再次將酒刀
支杆的長節固定在瓶口，再次抬
升手柄的遠端，及至瓶塞即將被
完全拔出時，手捏住瓶塞，輕輕
拔出，以防止瓶塞掉渣。

⑤ 再次清理瓶口。將瓶塞旋下，置
於盤中以備展示給客人，再次用
乾淨白布擦拭瓶口。

⑥ 試酒。侍酒師首先進行品嘗，確
認酒質完好時，再由主人或主人
指定的人進行品嘗，以確認。

如果開啟的酒是老年份的酒，或者明
顯出現酒石、色素沉澱物的酒，需要將酒
瓶小心地由存放處平移至酒筐內進行上述
操作。

醒酒與潷酒

醒酒的目的

儘管不是所有的酒都需要進行醒酒，
但是很多時候開瓶後，還是需要將葡萄酒
轉移到專門的醒酒器中。此操作的目的有
兩個：有些經年存放的酒可能出現沉澱，
將酒由瓶內小心轉移至醒酒器內，同時可
以潷除這些沉澱；將酒轉移至醒酒器內，
可以使葡萄酒與空氣充分接觸，使葡萄酒
的香氣與口感特點更快地充分展現出來。
如果還要找理由的話，那就是美觀——裝
着酒的漂亮醒酒器是很吸引人的，可以給
人很好的感官享受。

醒酒器

醒酒器的主要作用有兩個：潷酒與醒
酒。潷酒就是將酒瓶內沉澱物與酒液分離
開來。醒酒要透氣，潷酒的過程自然也是
酒透氣的過程。醒酒器往往有個直徑很大
的「肚子」，這樣內存的酒有個很大的表面
積以促進酒釋放出複雜的香氣。

古羅馬人就已經開始利用玻璃加工
醒酒器了，只是隨着羅馬帝國的衰落，玻
璃加工技術也受到影響，才出現銀質、金
質以及銅質等其他材料的醒酒器。文藝復
興後，威尼斯人將玻璃醒酒器製作發揚光
大，也是在那時，威尼斯人將玻璃質醒酒
器細脖口延長，並且主體部分橫徑加大，

▲ 清理醒酒器的專用不銹鋼珠

那時的醒酒器的形狀已經很接近今天的樣子。後來英國人又將醒酒器增加了塞子，以防止香氣的損失。現在，醒酒器不僅具有上述的兩個主要功能，還具有很好的裝飾效果。

醒酒器使用後應當儘快使用溫水沖洗乾淨，清洗時不要使用清洗劑，因為其形狀特殊，很難洗淨殘留物。如果需要清理或者擦拭內部某個部位，可以使用潮濕的亞麻布卷成細卷塞進瓶頸，轉動清理。或者使用專門的尼龍刷（不能使用金屬絲刷）清理。如果污垢較多，可以裝入專門的不銹鋼珠，然後晃動醒酒器來完成。

潷酒

將酒開啟後，小心地將酒緩慢倒入醒酒器，為了觀察沉澱物的位置，可以點燃一根小蠟燭——現在也有使用專用手電筒，將酒瓶置於眼睛與蠟燭的中間位置，透過光源，可以很清楚地看到瓶內沉澱物的位置，確保沉澱物不會進入醒酒器內。

為了在倒酒時防止溢酒，也可以使用專用的漏斗以及過濾網。

醒酒時間

可以肯定地說，不是所有的酒都需要醒酒。通常，有經驗的侍酒師開瓶後經過初步品嘗確定需要醒酒的時長。如果可能的話，在醒酒的過程中，還要再次品嘗確認確切的醒酒時間。醒酒的原則是「宜短不宜長」，就是說，沒有把握時，寧肯醒酒不夠，也不能醒酒過頭。

酒杯

葡萄酒杯由三個部分組成：杯身、杯腳和杯托，通常為透明、無色的玻璃杯或水晶杯。餐桌上用的葡萄酒杯有時會進行

▼ 各式漂亮的醒酒器

▲ 酒與醒酒

雕刻或者裝飾，而品酒杯則不允許有這些裝飾。

標準品酒杯的標準是由法國標準化協會（AFNOR）制定的，目前國際上採用的NFV09-110號杯，規格如下圖所示，標準品酒杯由無色透明的含鉛量為9%左右的結晶玻璃製成，不能有任何印痕和氣泡。杯口必須平滑、一致，且為圓邊，能承受0~100℃的溫度變化，容量為210~225毫升。

標準品酒杯是一種通用品酒杯，適合品鑒各種類型葡萄酒。如果條件允許，品酒杯的選擇還可因葡萄酒的類型不同而不同。至少可以區分為起泡酒杯（習慣上稱香檳杯）、白葡萄酒杯、紅葡萄酒杯以及烈酒杯。

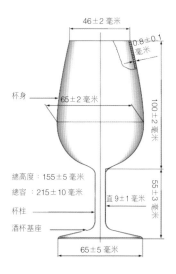

總高度：155±5毫米
總容：215±10毫米
杯身 65±2毫米
46±2毫米
0.8±0.1毫米
100±2毫米
55±3毫米
直9±1毫米
杯柱
酒杯基座
65±5毫米

香檳杯

香檳杯有兩種常見類型：細高杯身稱為笛形香檳杯（flute）和廣口矮身稱為香檳碟（coupe或saucer）。

因為香檳酒也可以被視為白葡萄酒，所以鬱金香形杯身的白葡萄酒杯也適合飲用香檳。

▲ 香檳碟　　　　▲ 笛形香檳杯

▲ 笛形香檳杯

▲ 變形笛形杯

香檳碟由於杯身淺而口廣，因此氣泡散失很快，對於早期甜型香檳尚可，但是不適合享用乾型的香檳，現今多在婚慶搭建香檳塔時使用。

這種酒杯最早於1663年出現在英國，而有趣的是，與這款杯子發生很多的故事的法國貴婦們卻是出生在大約100年之後。

笛形香檳杯延長了杯身，縮小了杯口，減緩了氣泡散失的速度，細長的杯身為飲用者觀察連續不斷、串串、絲絲的氣泡創造了條件。香檳杯雖然美觀，但是由於過於細高，在酒會中經常會出意外。新世紀革新不斷，笛形香檳杯被做成了雙層玻璃杯，一方面基層中的空隙延緩酒液的升溫，更重要的是，內層仍然保留原先笛形香檳杯的形狀，而外層被加工成圓柱狀，拿捏自如。

紅葡萄酒杯

紅葡萄酒杯往往個頭比較大，就其自身而言，杯身橫徑與杯高比較大，是為了有利於葡萄酒接觸空氣，經過氧化後釋放出更為豐富的香氣。

常見的紅葡萄酒杯有兩種風格：波爾多型與布根地型。後者擁有更為寬廣的杯身，而杯口沿外翻。

白葡萄酒杯

白葡萄酒香氣脆弱，因此品飲白葡萄酒酒杯杯身橫徑與杯高比介於笛形香檳杯與紅酒杯之間，對於那種口感複雜、香氣豐腴類型的白葡萄酒，宜選用杯口相對寬的白葡萄酒杯，而對於口感清爽、酸度較高類型的白葡萄酒則相反。

飲用順序

如果一次品飲多款葡萄酒，那就需要確定先後順序——當然如果你是整箱飲用，就不需要這麼麻煩了，哪怕是拉菲。

給多款葡萄酒排序的基本原則是：由輕到重，就是說香氣與口味由輕到重。

如果是不同類型的葡萄酒，往往是按照這樣的順序品飲：起泡酒——白葡萄酒——紅葡萄酒——甜葡萄酒。同一類型中，年輕的在先，老酒在後。

Tips

酒杯應保持清潔，無任何污物、殘酒及水痕。每次使用完酒杯將其清洗乾淨。清洗順序如下：洗液中浸泡，流水沖洗，棉布瀝乾，使用前用乾淨絲綢擦淨。

德美説

有一種錯誤的觀點：老酒，需要醒的時間更長。至少這個觀點是部分錯誤的——對於正處在壯年的一款老年份葡萄酒，或許需要醒酒時間長一些，但是對於一款暮氣橫秋的老酒，長時間醒酒確是致命的。

品飲老酒，享受等待與期盼的煎熬。但是開啟老年份的酒，卻需要勇氣、技術和經驗，否則，小小的失誤，都可能徹底葬送美酒。我曾經品鑒過一次波爾多Chateau Olivier 1990（紅葡萄酒，奧利威堡），儘管不能説是很老的年份，並且莊主也在場（這至少可以佐證酒的來源和酒的本質沒有問題），但是酒喝到口中時，感覺已是暮氣橫秋，多的只有橡木香氣，口感中橡木感有些突兀，但是從還好的酸度中，可以想象這瓶酒受到了不公正的待遇。這款酒被 3 個小時的超長醒酒給毀掉了。為了證明這一點，後來拍賣會上又見到這款酒，鼓動朋友拍了一箱，醒酒一個小時後，這款酒開始彰顯出其魅力：仍然可識別的果味，清晰的熟化的酒香，柔軟口感，雖算不上飽滿卻也協調的結構。

毀掉老酒，還有很多例證。經常有朋友問我哪個酒是否到了品飲的最佳時期，我的答案或許他們沒有仔細研究，往往是趕快開瓶。1997 年的布萊恩●康特納（Chateau Brane Contenac），應該不算很老，所以那位朋友似乎不情願拿出來開瓶。在問及餐廳是否有醒酒器，服務生很興奮地説「有」，便開始動手了。在我們還在討論加貝蘭 2008 與 2009 的差異時，有人驚呼「慘了！」，原來服務生拿的是那種漏斗式快速醒酒器，及至酒被轉入酒杯，已經是苟延殘喘、脈象大亂。

▲ 漏斗式快速醒酒器

― 專題8 ―

起泡葡萄酒開瓶步驟

開瓶的過程中注意，起泡酒開啟前一定避免搖動，起泡酒瓶內壓力很大，如果任塞子自由飛出是很危險的。

1. 割開或者撕開鋁帽。

2. 解開金屬絲。將瓶塞向外傾斜，指向無人、無易損物品之處。一手拇指按住瓶塞，其餘四指握住瓶頸，另一隻手小心解開綁紮塞子的金屬絲，確認塞子穩定(不會飛出)，去除金屬絲、金屬蓋；如果不能確定塞子的狀態，也可不去除。

3. 拔塞。一手拇指與中指、食指扣住塞子，無名指與小指抓住瓶頸，另外一隻手握住瓶底，雙手向相反方向轉動，當塞子即將彈出時，握塞子的手輕輕翻轉手腕，以降低塞子彈出瓶口造成的響聲。

Tips

香檳的開啟

香檳除了經典的徒手開啟外，還有觀賞性極高的開啟方式——使用香檳刀，這種刀其實就是縮小版的馬刀，這種方式來源於戰爭中勝利者用馬刀劈開香檳的慶祝方式。

Chapter 6

品酒

對於消費者，葡萄酒的品嘗是物質與精神的雙重享受，有時候還帶有藝術的成分；而對於專業的品酒師，則是應用感官品評技術，評價酒體質量，指導釀酒工藝改進、酒體和風味調配以及酒的貯存，進行酒品設計和新產品開發。

品酒師要求具有敏銳的感官能力、良好的記憶和準確的表達能力，普通消費者通過學習和培訓也可以獲得這些能力。

葡萄酒品嘗能力的提高需要直接體驗的積累，採用科學的合理的方法，可以起到事半功倍的效果。

組織品酒會

葡萄酒的品嘗顯然帶有濃厚的專業色彩，需要在專門的條件下方能取得好的效果。但是，這不妨礙消費者進行專業品評葡萄酒的嘗試，本章節內容就是指導消費者如何像專家一樣品鑒葡萄酒。

葡萄酒品嘗的形式

葡萄酒品嘗是識別葡萄酒質量的一種方法，這也是葡萄酒消費者或者釀酒工作者很早就採用的判斷葡萄酒質量的方法。以人的感官，對葡萄酒的外觀、香氣以及滋味獲取直接的認識，並與品嘗者大腦中已有記憶的葡萄酒質量標準進行對比並作出判斷，進而對葡萄酒的質量做出評判。利用感官評價葡萄酒的質量所獲得的結論的可靠性(與事實的吻合程度)，很大程度上取決於評價人員的感官靈敏度及其在葡萄酒品嘗方面積累的經驗。

對於葡萄酒愛好者或者說消費者，評價結論出現「喜歡」或者「不喜歡」，就已經足夠了，畢竟，葡萄酒的消費是一種很自我的個性化消費，消費者強調自我感受是無可厚非的。但是，對於葡萄酒專業人

士，在品評葡萄酒時，絕對不以自己「喜歡」或者「不喜歡」作為結論。專業的品評員必須積累足夠的經驗，熟知葡萄酒行業的產品質量狀況，並能夠「修正」自己的個人喜好對品嘗中的影響，對被評判的葡萄酒在葡萄酒市場中的「地位」做出準確的定位。這樣的能力是建立在大量的品嘗與交流的基礎上的。

按照目的區分，葡萄酒的品鑒有以下幾種類型：

消費者品評

消費者品評是最重要的一種品評形式。但是，如果用於指導銷售或者生產而開展的消費者品評，必須是在嚴格的組織下進行。首先，參加品評的消費者應當具有代表性，能夠充分代表被調查地區的目

標調查群體。其次，收集消費者品嘗後感覺的問題，必須是周密設計的，並且要通過特定的統計方法獲取的結論。

因此，除了經專業的調查公司組織的消費者品評，以及產品推廣時那種泛泛的消費者體驗品評外，消費者品評的方式多以娛樂為主要目的。

選擇品評

為了特定目標而進行的選酒品評也是常見的商業選酒的形式，是酒店、酒商、葡萄酒銷售場所等進行選酒的主要方式。

選擇品評是品評人員根據自己的意圖，對參評的葡萄酒進行品評，從中選出符合自己要求的葡萄酒的一種品評方式。

這種方式要求品評人員擁有足夠的經驗，尤其是熟知自己的服務對象——消費者的口味傾向。

分級品評

分級品評是對同一可比類型的葡萄酒進行品評，將其按照當前類型的質量標準排定名次的品評方法。這種品評方法結果的可靠性，取決於品評人員的職業水平。競賽性品評結論的權威性或者影響力，主要取決於品酒組織者及品評人員的聲譽。

分析品評

分析品評是為了檢驗新工藝或者新品種的表現情況。通過對樣品的感官特性進行全面的分析，瞭解葡萄酒原料狀況、生態條件的反映、工藝措施及其優缺點、葡萄酒的現狀、各種成分的和諧度以及今後可能的發展方向等。

質量檢驗品評

這種品評是為了確定葡萄酒是否達到了已經確定的感官質量標準，從而排除那些不符合標準的產品。比如法國AOC葡萄酒產品認定就需要經過這樣的一道程序。

品評的作用

「品嘗」可以給你理化分析提供不了的感覺。

儘管現代科技飛速發展，精密儀器以及分析方法層出不窮，可以將葡萄酒中物質成分精確地進行檢測分析，但是，對於葡萄酒品質的評價，利用各種儀器的理化分析是遠遠不夠的。作為一種商品，除了需要瞭解其物質成分以外，葡萄酒的滋

味感受是無法用儀器分析檢測的，必須進行直接的感官接觸，方能獲得認知。比方說，2% 鹽水，這是一個詳細的描述，物質成分含量很清楚，但是，沒有實際品嘗過的人，儘管可以想象這是帶有鹹味的水，其鹹度到底達到什麼程度呢？無從知道，實際上，這種鹹度對於絕大多數人來說是過鹹了，此滋味感受必須通過品嘗方能知曉。

評定特點

精密的儀器分析，通常需要將被分析的樣品進行預處理，方能進行檢測，這種處理往往比較費時，而感官評價則不然。自然界中，可以進行儀器分析的對象必須滿足幾個前提：人們已經認識到該物質的特性、已經研製出檢測的方法並且開發了相應的儀器設備。對於那些人類尚未認識的物質，則難以用儀器進行分析，我們可以通過感官評價評定其特點，感知未知世界。

確認品質

TCA（三氯茴香醚）是葡萄酒的大敵，所以開瓶後，侍酒師會先確認酒的品質，

然後讓點酒的人再次確認，其中需要排除的就包括被 TCA 污染的酒。TCA 有多厲害？一湯匙純品倒入安大略湖後，假如能夠混合均勻，這該是個怎樣的濃度（這個濃度應極低吧？）？如果用儀器進行分析，需要很長時間的樣品濃縮之後方能上機檢測，但是，這個濃度，卻是大部分消費者可以聞出來的。

組織葡萄酒品酒會

組織葡萄酒品評應當進行很好的準備，方能順利進行。比如品評主題確定、樣品收集與準備、場地與設施條件、品評員的要求，以及品評的強度。

確定品評主題

品評有很多主題可以選擇，比如：

葡萄品種：將來自不同酒莊或者產區的相同葡萄品種所釀造酒一起品評。

產區：將同一產區出產的酒一起品評。

水平年份：將相同背景不同酒莊出產的同一年份的酒一起品評。

垂直年份：通常是同一酒莊出產的同一款，但是連續不同年份的酒一起品評。

確定的價位：把市場中相同銷售價位的酒一起品評。

特定需求：比如適合搭配某種菜品，或者適合某個場合（婚慶等）的酒一起品評。

樣品收集與準備

確定主題後，對所收集的樣品進行登記並編號，登記信息需要包括以下方面：生廠商、品名、類型、品種、年份、產地、酒精度、瓶容量等；登記之後的酒樣在品

評前要進行溫度處理，使之在品鑒時達到適宜的溫度。

對品評員的要求

對品評員的要求，取決於品評的類型，如果是消費者調查品評，那麼品評員的專業背景就可以不考慮，只要年齡、性別以及教育、從事職業等基本社會背景能夠代表當地消費者即可。而作為專業品評，肯定是需要專業的評委，評委水準越高越好，至少，評委的專業背景要與品評要求水準相匹配——國際大賽評委需要全面瞭解國際產品水平，全國大賽評委至少

要很瞭解全國產品水平。

葡萄酒品評是一項體力工作，品評期間，要保持良好的作息習慣和飲食狀態，以保持好的精神狀態。生病或者身體不適時不宜進行葡萄酒的品評。

品評強度

一天之中，最佳的品評時間為上午10點前後，因為經過一夜休息，上午通常精神狀態較好，該時段處於早餐基本消化的尾聲，或開始有進餐的慾望，此時味覺最為敏銳。下午也有類似效應的一個時段。如果是產品大賽，需要評委注意力高度集中，並且需要將品評的全部樣品排序，因此每天品評的樣品數量不能太多，多數專業評委認為50~60款酒是合理的。但是，如果是選酒——也就是說挑出達到某一水準的酒樣則不同，在一天內品評200多款酒也是可能的。

不同類型葡萄酒最佳品鑒溫度（Jancis Robinson）

葡萄酒的類型	舉例	適宜溫度 / ℃
酒體較輕的甜酒	索甸貴腐，TBA	6~10
起泡酒（白）	香檳	6~10
香氣濃郁、酒體較輕白葡萄酒	雷司令、長相思	8~12
紅起泡酒	西拉起泡	10~12
中等酒體白葡萄酒	夏布利，賽美容	10~12
厚重的甜葡萄酒	雪利酒、馬德拉酒	8~12
酒體較輕的紅葡萄酒	寶祖利，普羅旺斯桃紅	10~12
厚重白葡萄酒	橡木桶陳釀的霞多麗、隆河谷白葡萄酒	12~16
中等酒體紅葡萄酒	特級布根地，桑嬌維塞	14~17
厚重紅葡萄酒	赤霞珠、內比奧羅	15~18

葡萄酒中味感物質——葡萄酒的五味人生

在葡萄酒中，甜、鹹、酸和苦味物質都存在，但是主要是甜味和酸味物質。

甜：呈甜味的物質是糖、乙醇和甘油；

酸：呈酸味的物質是各種酸；

苦、澀：葡萄酒中的礦物鹽對酸、苦和澀味具有影響；

乾燥、粗糙感：多酚類物質具有收斂性，給人乾燥和粗糙的感覺。

葡萄酒中的甜味物質

葡萄酒中甜味的主要來源是葡萄糖、果糖、乙醇和甘油。它們是構成葡萄酒柔和、肥碩和圓潤等感官特性的要素。葡萄糖和果糖等來自於葡萄漿果。乙醇由發酵而來。甘油的一部分來自於果實，一部分來自於發酵。

葡萄酒中可能含有的其他甜味物質還有樹膠醛糖和木糖，以及發酵副產物，如丁二醇、肌醇和山梨醇等。由真菌感染的葡萄果實釀造的葡萄酒（如波爾多索甸貴腐葡萄酒）會含有甘露醇和甘露糖。

葡萄酒中主要甜味物質及其含量：

種類	物質名稱	酒的種類	物質濃度克 / 升
糖類	葡萄糖	乾酒	≤ 0.8
		甜酒	≤ 30
	果糖	乾酒	≤ 1
		甜酒	≤ 60
	木糖		≤ 0.5
	樹膠醛糖		0.3~1
醇類	乙醇		70~150
	甘油		3~15
	丁二醇		≤ 0.3
	肌醇（環己六醇）		0.2~0.7
	山梨醇		0.1

葡萄酒中的酸味物質

　　所有葡萄酒都含有酸類物質，其對於葡萄酒的味感、穩定性的形成和陳釀特性具有重要作用。由酸味物質種類、離解常數和葡萄酒的 pH 綜合作用決定葡萄酒的酸味。而以鹽的形式存在的酸類不影響酒的酸味。

　　葡萄酒中適量的酸味物質是構成葡萄酒爽利、清新(乾白、新鮮紅)等口感特徵的要素。酸度過高會使人感到葡萄酒粗糙、刺口、生硬、酸澀。酸度過低則使人感到葡萄酒柔弱、乏味、平淡。酸與其他成分不平衡時，葡萄酒顯得消瘦、枯燥、味短。

　　葡萄酒中的有機酸是最重要的酸味物質，主要有源於葡萄漿果中的天然成分，包括酒石酸、蘋果酸、檸檬酸，以及源於酵母和細菌發酵產生的琥珀、乳酸和醋酸等。其中，只有醋酸是揮發酸，含量過高時不利於葡萄酒香氣質量。源自葡萄果實的酸是相似的，其差別很微弱。琥珀酸含量一般低於閾限，具有鹹、苦的味感。葡萄糖酸僅僅存在於由黴變葡萄釀製的酒中，而且其對風味和口感都沒有影響。

　　葡萄酒中主要酸類物質及其含量：

源自葡萄漿果的酸		源自發酵的酸	
酸味物質	含量　克/升	酸味物質	含量　克/升
酒石酸	2~5	醋酸	0.5~5
蘋果酸	0~5	乳酸	1~3
檸檬酸	0~0.5	琥珀酸	0.5~1.5
葡萄糖酸	0~2		

葡萄酒中的鹹味物質

　　葡萄酒中的鹹味物質主要來源於葡萄原料、土壤、加工過程，包括無機鹽和少量有機酸鹽，其在葡萄酒中的含量為 2～4 克/升，因品種、土壤、酒的類型不同而有差異。

　　葡萄酒中主要鹹味物質及其含量：

陰離子	含量克/升	陽離子	含量
硫酸鹽	< 1	鉀	0.5~1.5 克/升
氯化物	0.02~0.20	鈉	0.02~0.05 克/升
亞硫酸鹽	0.1~0.4	鎂	0.05~0.15 克/升
中性酒石酸鹽		鈣	0.05~0.15 克/升
酒石酸氫鹽		鐵	5~20 毫克/升
中性蘋果酸鹽		鋁	10~20 毫克/升

　　鹹味是中性鹽所顯示的味感，只有氯化鈉才產生純粹的鹹味。其他鹽，如溴化鉀、碘化氨等除了鹹味外，還具有苦味。葡萄酒中的礦物質種類很多，其無機酸或有機酸鹽參與葡萄酒味感構成，但是味感複雜多樣。如酒石酸氫鉀具有酸味和鹹味，鉀鹽還具有苦味。此外還有很多痕量存在的微量物質，包括氟、矽、硼、溴、鋅、錳、銅、鉛、鈷、鋰，以及蘋果酸氫鹽、中性琥珀酸鹽、琥珀酸氫鹽和乳酸鹽等。

葡萄酒中的苦澀味物質

　　在葡萄酒中，多酚類物質會產生苦味，且其苦味常常與澀味(收斂性)相伴隨，有時很難將這兩種感覺區分開。不同

的葡萄酒，其酚類物質的種類和含量差異很大。不同浸漬工藝、發酵工藝和陳釀工藝都影響葡萄酒中酚類物質的種類和含量。

酚類物質可以分為兩類：類黃酮和非類黃酮。類黃酮主要來自於葡萄果皮和種子，少量來自於果梗。而黃酮醇，如槲皮素和花色苷主要存在於果皮細胞液泡。果梗組織中也含有黃酮醇。而黃烷-3-醇主要存在於果梗和種子。而非類黃酮又分為對羥基肉桂酸和羥基苯甲酸的衍生物兩類，主要存在於細胞液泡中，在葡萄果實破碎時，很容易從液泡中釋放出來。

酚類物質對葡萄酒口感具有重要作用。酚類物質賦予葡萄酒苦澀味，也對顏色、酒體和風味有重要作用。其作用有賴於酚類物質構成，包括其自身氧化、離解和聚合，以及與蛋白、乙醛、二氧化硫等物質相互作用。黃酮類單寧是紅葡萄酒中的主要酚類物質，而非黃酮類物質是白葡萄酒中的主要酚類物質。來自於橡木桶中的非黃酮類賦予葡萄酒木味、香草味、可可味和煙熏味。

在葡萄酒儲藏過程中，這些物質的變化，使得葡萄酒發生變化而逐漸成熟。紅葡萄酒和白葡萄酒的口感差異，就是由這些物質引起的。此外，酚類物質與蛋白發生絮凝反應的特性，參與葡萄酒的下膠澄清。酚類物質除了具有苦澀味，對葡萄酒顏色、酒體和香氣也具有重要作用。

類黃酮很少影響白葡萄酒的口感和風味，也有少數例外。如雷司令（Riesling）和西萬尼（Silvaner）葡萄酒中，其中的黃烷酮糖苷和柚皮苷具有輕微的苦味。另外，非類黃酮，如咖啡酸等也有輕微的苦味。最後，少量的兒茶素和原花色素也參與構成葡萄酒酒體。

酵母發酵產生的對羥基苯乙醇也有苦味，尤其在起泡葡萄酒中。在瓶中二次發酵中，對羥基苯乙醇含量增加，從而使得起泡葡萄酒具有輕微的苦味。一些白葡萄酒中，當對羥基苯乙醇達到一定濃度（~25毫克/升），也會產生苦味。

味感	味感物質	作用
葡萄酒中甜味物質	主要來源是葡萄糖、果糖、乙醇和甘油	它們是構成葡萄酒柔和、肥碩和圓潤等感官特性的要素
葡萄酒中酸味物質	葡萄酒中的有機酸是最重要的酸味物質，包括酒石酸、蘋果酸、檸檬酸，以及源於酵母和細菌發酵產生的琥珀酸、乳酸和醋酸等	適量的酸味物質是構成葡萄酒爽利、清新（乾白、新鮮紅）等口感特徵的要素。酸度過高會使人感到葡萄酒粗糙、刺口、生硬、酸澀；酸度過低則使人感到葡萄酒柔弱、乏味、平淡。酸與其他成分不平衡時，葡萄酒顯得消瘦、枯燥、味短
葡萄酒中鹹味物質	鹹味物質主要來源於葡萄原料、土壤、工藝中產生的無機鹽和少量有機酸鹽	參與葡萄酒味感構成，但是味感複雜多樣
葡萄酒中苦澀味物質	在葡萄酒中，多酚類物質會產生苦味，且其苦味常與澀味（收斂性）相伴隨。酚類物質可以分為兩類：類黃酮和非類黃酮	酚類物質對葡萄酒口感具有重要作用。酚類物質賦予葡萄酒苦澀味，也對顏色、酒體和風味有重要作用。

做好品評葡萄酒的準備

所謂葡萄酒品評，就是在一定的環境下，運用感覺器官感受葡萄酒的特點。因此，瞭解感覺器官的生理特性，以及環境條件對感官的影響，可以幫助品評者充分發揮感官功能，準確評價葡萄酒。

葡萄酒感官評價

葡萄酒感官評價包括四個階段：

A. 利用感官（包括眼、鼻、口）對葡萄酒進行觀察（observation），以獲得相應的感覺；

B. 對所獲得的感覺進行描述（description）；

C. 與已知的標準進行比較（comparison）；

D. 進行歸類分析（classification），並做出評價（evaluation）。

儘管不瞭解神經的生理學原理也可以品嘗。但是，專業的品評員必須對感覺器官、信息處理系統以及影響它們的內、外部因素有較好的瞭解，以防止知覺的錯誤和受其他因素的干擾，使得到的感覺更純粹，傳遞的信息更完整。

參與瞭解葡萄酒的感官主要包括視覺、嗅覺和味覺。

視覺

人的眼睛所感受的光波波長大約為400~780納米，葡萄酒的顏色就是由其透過而不被吸收的光譜決定。紅葡萄酒，可以在420納米吸收紫色，酒體呈現黃綠色，520納米吸收綠色，呈現紫紅色。利用分

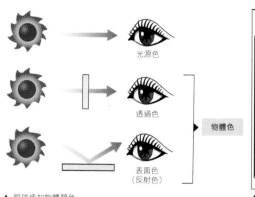

▲ 眼球感知物體顏色

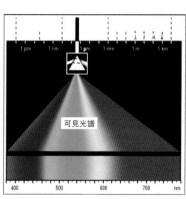

▲ 可見光波長

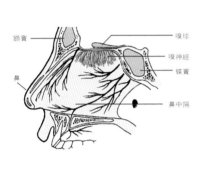

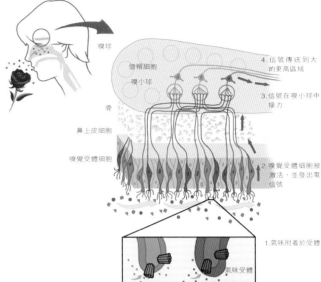

▲ 鼻腔結構與嗅覺反應示意圖

光光度計在該波段測定吸光值，二者相加就是葡萄酒的色度（color density），兩者之比就是葡萄酒的色調（hue），而白葡萄酒的色度可以直接在440納米（表現為黃光）處測定。

通過視覺，可以分析葡萄酒的色調、色度、澄清度、流動性、起泡性、掛杯等狀態。

嗅覺

人體嗅覺感受器位於鼻腔上部的小塊組織——嗅粘膜，每只約有5平方厘米，感受刺激的是嗅覺細胞，其上分佈有大量纖毛——每個嗅細胞約有1000條，這樣，使嗅粘膜表面積增加到600平方厘米，提高了嗅覺的敏感性。

為了便於交流與識別，專業工作者將葡萄酒中的氣味分為以下八種主要類型：

A. 動物性氣味（animal odor）：肉味、麝香味、貓尿味等。

B. 香脂氣味（balsam odor）：指芳香植物的香氣，如松脂、刺柏、香子蘭、松油、安息香等。

C. 燒焦氣味（toast odor）：包括煙熏、烤、乾麵包、巴丹杏仁、乾草、咖啡、木頭等，葡萄酒中燒焦的氣味主要是葡萄酒成熟過程中單寧變化或者溶解橡木成分的氣味。

D. 化學氣味（chemical odor）：包括酒精、丙酮、醋、酚、苯、乳酸、碘、氧化、酵母、微生物等氣味。

E. 香料氣味（spice odor）（廚房用香料）：包括所有用做佐料的香料，主要是月桂、胡椒、桂皮、薑、甘草、薄荷等氣味。這類香氣主要存在於一些優質、陳年時間長的紅葡萄酒中。

F. 花香（floral odor）：包括所有花香，如常見的：堇菜、山楂、玫瑰、檸檬、洋槐、茉莉、鳶尾、天竺葵、椴樹等。

G. 果香（fruity odor）：包括所有的果香，如：樹莓、櫻桃、士多啤梨、石榴、醋栗、蘋果、梨、杏、香蕉、核桃以及無花果等。

H. 植物與礦物氣味（vegetal and mineral odor）：主要是青草、落葉、塊根、蘑菇、濕禾稈、濕青苔、濕土、青葉等。

而按照來源區分，葡萄酒中的香味又可以被分為三大類：源自於葡萄果實的一類香氣，源自於發酵過程產生的二類香氣，以及陳釀過程中產生的三類香氣。

味覺

① 味覺的定義

味覺就是溶解於水或者唾液的化學物質作用於舌面和口腔粘膜上的味蕾所引起的感覺。產生味覺的化學成分對味蕾的作用是一種化學誘導作用，故味覺在本質上屬於化學屬性。

就味覺產生的過程來說，呈味物質、味覺感受器、唾液或者水溶液，是形成味覺的基本要素，缺一不可。

呈味物質：來自於葡萄酒中的所能引起味覺的化學成分。

味覺感受器：味蕾，也就是分佈於舌面和口腔粘膜中的微小結構，一般成年人有9000多個味蕾，主要分佈於舌面的味乳頭中。

味覺引起與唾液有極大的關係，唾液可以濕潤、溶解食物、洗滌口腔、保護味蕾的敏感性以及幫助消化。

② 味覺的基本性質

A. 味覺的靈敏性

味覺的靈敏性是指味覺的敏感程度，由感味速度、呈味閾值和味分辨力三個方面綜合反映。

感味速度：呈味物質進入口腔，從刺激到產生感覺僅需要 $1.5 \times 10\text{-}3 \sim 4 \times 10\text{-}3$ 秒。

呈味閾值：能夠感受到的呈味物質的最低濃度。

味分辨力：人的味分辨力很強，通常人可以分辨5000多種不同的味覺信息。

B. 味覺的適應性

由於持續接受某一種味的作用而產生對該味的適應，稱這種現象為味覺的適應性。味覺的適應性分為短暫和永久兩種。

短暫適應性：短時存在，稍過即逝，交替品嘗不同的味可以防止其發生。

永久適應性：長期接受同一種滋味刺激，而產生的長時間難以消失的味覺適應性，如通常說的「東辣西酸、南甜北鹹」的現象就是味覺永久適應性的一種表現。

C. 味覺的可溶性

味覺的可溶性是指數種不同的味可以相互融合而形成一種新的味覺。但是，絕不是簡單的加減，表現在味的對比、相加、掩蓋、轉化、增效等方面。

D. 味覺的變異性

味覺的變異性是指在某種因素的影響下，味覺感度(對味的敏感程度)變化的性質。主要是由生理條件、溫度、濃度、季節以及心情、環境等因素引起。

生理條件：包括年齡、性別、健康狀態、饑飽、精神狀態等；

溫度：味覺表現在10~40℃較好，最好為30℃；

濃度：濃度越大刺激越強，但是，味覺的滿意度是在一定的濃度範圍內；

季節：人的口味夏季清淡，冬季濃重。

E. 味覺的關聯性

這是指味覺與其他感覺相互作用的特性，主要是嗅覺和觸覺。

味覺與嗅覺的關聯：最為密切，通常人們感受到的各種滋味，都是嗅覺與味覺協同作用的結果，比如，人感冒鼻塞會降低味覺感知度。

味覺與觸覺的關聯：觸覺是一種膚感，如軟、硬、粗、細、老、嫩等，「焦香則味濃，滑嫩則味淡」就是味覺與觸覺關聯的效果。

味覺與視覺關聯：視覺與味覺具有關聯性，主要是在一種心理作用下產生的聯覺。視覺感應能喚起大腦中已經建立的一些與之關聯的味覺，從而影響進一步味覺的感知。

味覺與聽覺的關聯：與視覺的關聯類似，主要是心理作用下的效果。

③ **基本味覺**

通常說五味包括：酸、甜、苦、辣、鹹，但是，人類的舌頭只能感覺到酸、甜、苦、鹹4種基本味道，所有其他的複合味，都是由這4種基本味覺構成的(辣不是基本味覺)。

同一種物質可以只有一種味覺，也可以同時或順序表現出數種基本味覺；在各種具有不同基本味覺物質的混合物中，存在各種可能的組合以及濃度變化。所以，要搞清楚複雜混合物的味覺，就必須充分瞭解四種基本味覺。

當我們品嘗一種含有酸、甜、苦、鹹四種基本味覺物質的混合溶液時，這些味覺並不是同時被感知的。不同味覺的刺激反應的時間不同，而且，它們在口腔中的變化亦有不同。

基本味覺的反應速度和感覺強度的變化如下圖所示：

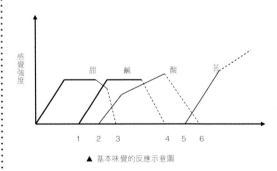

▲ 基本味覺的反應示意圖

總之，人對於不同呈味物質的刺激，在感覺時間上和感覺強度上都有差異。根據實驗結果，這種差異變化的時間範圍約

為12秒。所以，葡萄酒入口後，在口腔中停留12秒左右，才能瞭解其味感在時間上的連續變化，這就是葡萄酒品嘗的「12秒理論」。

④ 舌上不同區域對呈味物質的敏感性

味覺感受器也稱為味蕾，由受體細胞(味細胞)和支撐細胞構成。受體細胞微絨毛上具有的味感蛋白，是識別味感物質。人們口腔中、舌頭上的不同區域的味蕾對甜、酸、苦、鹹等四種基本呈味物質的敏感性不同，所以四種基本呈味物質在口腔中的反應速度也不同。

人舌上不同區域的味蕾對甜、酸、苦、鹹等四種基本呈味物質的敏感性的差異如圖所示。舌尖對甜最敏感；接近舌尖的兩側對鹹最敏感；舌的兩側對酸敏感；舌根對苦最敏感；舌中部為非敏感區，在該區放上有味物質，不會引起味感。

收斂性及口腔中的其他感覺

口腔除了感受上述基本味道以外，還能感受很多感覺反應。

① 收斂性

引起收斂性的原因主要可以概括為3個方面：一是收斂物引起唾液中蛋白質的絮凝反應，使唾液的粘度下降，不再起到保護口腔表面潤滑的作用。二是收斂性引起的乾燥感是由於唾液腺停止了分泌。三是收斂物固定在粘膜組織表面，使粘膜組織失水變硬，降低滲透性。

② 其他感覺

當一些濃度較高的物質接觸口腔時，如酸、鹹、金屬鹽等，能夠導致口腔的苦性、假熱、灼傷、腐蝕等感覺。

③ 餘味

人們把咽下去或者吐出葡萄酒時所獲得的感覺稱為餘味，也稱為尾味或後味，因為在咽下去或者吐出葡萄酒後，口中的感覺並不會立即消失，還會在口腔、咽部、鼻腔中充滿葡萄酒或者其揮發的成分，這就引起先前的感覺不是馬上消失，而是繼續存在、逐漸消失。

產生這種現象的原因有二：首先少量葡萄酒及其呈香物質的存在，其濃度會越來越低，呈香物質也由於呼吸而逐漸排出。其次，由於延遲性反應，先前形成的刺激，具有一定的延遲性。

葡萄酒品評的環境基礎

「孟母三遷」的故事說明，人所生活的環境對於人的習性會產生影響。短時的環境條件，也會對感官功能產生影響，時間久了，這種影響還可能是不可逆的。

葡萄酒品評需要適宜的環境條件。

品評室

品評室應當滿足以下條件〔(《感官分析——建立感官分析實驗室的一般導則(GB/T13868-2009)〕：

A. 適當的光線，使人感到舒適。採用自然光或者日光燈，為散射光源，推薦色溫為6500開。牆面顏色為令人輕鬆的淺色。

B. 便於清掃，遠離噪聲源，最好隔音。

C. 無任何氣味，便於通風或排氣。

D. 保持20~22℃和60%~70%空氣溫度、相對濕度為宜

E. 品評室內牆壁和內部設施的顏色應

為中性色，推薦使用乳白色或中性淺灰色。

品評間

在品評室內，最好設置相互隔離的品評間，防止品評人員和酒樣服務人員的干擾。如果沒有隔開的品評間，也可在能滿足品評要求條件下（光線、無噪聲、無氣味），在正常工作臺上用可折疊隔板將品評員隔開。椅子應舒適，高度可調。

每個品評間都要在適當位置放置一個吐酒桶，並準備純淨水、乾而無鹽的麵包、無氣味紙巾或乾淨毛巾等。

品評員

品評員不能進食氣味濃重的食物，如含有洋蔥、大蒜、大蔥、韭菜等或者麻辣等食物，不能使用香水或氣味濃烈的化妝品。儘管人們總是相信，抽煙會影響感官品評，但是，也有很多葡萄酒品評員是煙民，對於習慣抽煙的品評員，品評期間改變其已經習以為常的生活習慣（絕對禁止抽煙）也是不科學的，但是，應當在單獨的最好是戶外區域抽煙，抽煙後不能干擾非吸煙的品評員。

葡萄酒品評的專用酒具

葡萄酒品評使用標準品酒杯。標準品酒杯為無色透明的結晶玻璃質地，無印痕和氣泡，杯口平滑、一致，為圓邊，容量為210~225毫升。

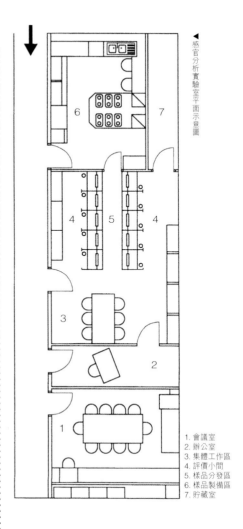

▲感官分析實驗室平面示意圖

6   7

4   5   4

3

2

1

1. 會議室
2. 辦公室
3. 集體工作區
4. 評價小間
5. 樣品分發區
6. 樣品製備區
7. 貯藏室

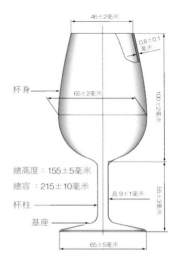

▲標準品酒杯

46±2毫米

0.8±0.1毫米

杯身   65±2毫米   100±2毫米

總高度：155±5毫米

總容：215±10毫米   直9±1毫米   55±3毫米

杯柱

基座

65±5毫米

葡萄酒品評技巧速成

品飲葡萄酒,首先掌握持杯之道,方能遊刃於各種社交酒會。高腳杯亭亭玉立,光潔透亮,本身也是很好的裝飾品。但是,持杯不當,反而成了露怯和累贅。

持杯的一個基本原則就是:手不能接觸盛酒的杯身部位,因為手的溫度遠遠高於任何類型葡萄酒的最佳適飲溫度;另外,手指觸摸杯身還可能留下指印,在下一步觀察酒色之時會影響視覺的美感。

看

觀察流動性

　　手持杯托或杯腳,輕輕轉動杯身,讓酒液按照一個方向轉動,觀察酒液的流動性(或者叫稠度),流動性好,說明酒體薄或者酒精度高,流動性差說明酒體厚,或者含糖量高。

觀察顏色

　　觀察酒色,一定要選擇一個白色的背景,將酒杯傾斜依次觀察裙邊與酒眼的色澤。

　　A. 白葡萄酒的顏色

　　同一款白葡萄酒,很年輕時會泛有

青綠色,隨著酒齡增加,黃色調逐漸加重直至琥珀色。白葡萄酒的顏色為:近似無色—禾稈黃泛青綠—禾稈黃—暗黃—金黃—琥珀黃—鉛色(失光時)—棕色(過頭)。

　　B. 桃紅葡萄酒

　　桃紅葡萄酒的顏色為:黃玫瑰紅—橙玫瑰紅—玫瑰紅—橙紅—洋蔥皮紅—紫玫瑰紅。

▲ 白葡萄酒的顏色

▲ 桃紅葡萄酒的顏色

C. 紅葡萄酒

同一款紅葡萄酒，很年輕時往往呈現鮮亮的紫紅色，隨着酒齡的增加，紫色調逐漸減弱，棕色調逐漸加重。

紅葡萄酒的顏色為：紫紅（深紫紅、暗紫紅、深紅）—鮮紅、寶石紅、石榴紅—瓦紅、磚紅—黃紅、棕紅。

▲ 紅葡萄酒的顏色

觀察澄清度

觀察酒的澄清度，需要將酒杯置於眼睛與光源之間。

澄清度：清亮透明—晶瑩透明—有光澤—光亮。

渾濁度：略失光—失光—欠透明—微渾濁—極渾濁—霧狀渾濁—乳狀渾濁。

沉澱：有沉澱—有纖維狀沉澱—有顆粒狀沉澱—有酒石結晶—有片狀沉澱—有塊狀沉澱。

「掛杯」

酒液在杯內搖動或轉動後，附在內杯壁的酒液，在向下的重力和由於酒精揮發產生的向上的拉力以及酒液與玻璃之間的表面張力作用下，出現向上和向下移動的想象，有人形象地稱之為「酒腿」或「酒淚」，即我們常説的「掛杯」。

掛杯現象是品評傳統的烈性白酒常用的指標，掛杯現象明顯，彰顯著酒的酒度高（真正喜愛喝白酒的人偏愛高度白酒）。但是，對於葡萄酒而言，掛杯與酒的內在品質無必然聯繫，葡萄酒掛杯跟酒精度、乾浸出物含量有關，當然也跟酒杯的潔淨程度有關。

▲ 掛杯現象

聞

聞香識酒，需要區分第一聞、第二聞以及視需要進行的再聞。

第一聞：拿到盛有酒樣的酒杯後，在搖動酒杯前，將鼻子置於杯口正上方，輕輕吸氣，感受酒樣的主體香氣。

第二聞：將酒杯按照一個方向轉動3~5次，使酒液沿着酒杯內壁轉動，然後將鼻子置於酒杯內聞香，此次主要應關注剛才第一聞未曾感受到的香氣。

再聞：也許在第二聞時，會感覺到一些香氣，但是或者難以描述，或者不能肯定類型，這時可以進行再聞，以求獲得準確的感受。每兩次聞香之間，需要平靜地呼吸2~3次，讓嗅覺感受器休息調整再進行下一次。

注意：萬不能對着酒杯呼氣！

品

酒樣怎樣入口

由於舌對於基本味道的識別是有分工的，所以酒樣進入口腔是要有順序的，輕輕吸氣，讓酒液自舌尖沿舌面一次流入口腔。

入口的量

還是因為舌對於基本味道的識別是有分工的，所以酒樣進入口腔的量不能太少，但是不同品評員之間因為體形大小的緣故，不能確定一個標準的體積量，總之應當達到一個標準：整個舌面應當覆蓋有一層酒液。

◀ 聞香氣

◀ 搖動酒杯

◀ 品滋味

德美説

「酒評」

「酒評」就是文字符號化了的、被大腦記憶中信息比照過的對某個酒的感覺。感覺葡萄酒，主要是通過視覺、嗅覺和味覺來實現的——人們很少或者幾乎不用觸覺和聽覺來感知、描述葡萄酒。

視覺可以描述葡萄酒的色調、色度、澄清性、起泡性甚至於流動性。嗅覺可以感知葡萄酒香氣的濃郁度、純淨度、豐富性、協調性與持久性，如果又能將嗅覺特點使用人們熟知的帶有特定氣味的物質進行描述，堪稱是對嗅覺感受完美記載。而味覺則可以從入口強烈程度、發展變化、平衡與協調性、口香、尾味以及回味等來描述。如果將這些感覺與大腦記憶中的信息進行比照，又形成了葡萄酒的「總體協調性」、「風格」、「典型性」以及「陳年潛力」等。

簡而言之，一個完整的酒評，需要包括對葡萄酒視覺、嗅覺、味覺進行分別描述，並對其總體性進行評價。

品評是一項很個人化的事情，不同人之間的感受可能會有差異，所以即使面對很受你崇拜的大師的酒評，也用不着「修正」自己的感覺。如果沒能使你信服，聽聽 Jancis Robinson 怎麼説：「關於品酒，最令人傷心的是聽到葡萄酒愛好者沮喪地説『我很喜歡昨晚品嘗的那款酒，但是 Robert Parker 才給了 85 分』……」

但這也不是可以天馬行空地寫酒評的理由，一份酒評中不要出現「無沉澱的、無異味的」或者把似是而非能想到的各種「花」或者「果」都列出來描述香氣，或者在評價「典型性」時卻根本就未談論到品種或者產區。酒評中把前文提到的幾個方面最為突出的感覺認知進行記載就足夠了，既省筆墨，又便於識別。

比如這樣的酒評：

1941 Domaine de Chevalier White ★★★☆

色澤淺黃銅色。呈現菌香，微帶李子、柑橘氣息。結構好，餘味悠長。

當然，如果非要強調酒評的特立獨行，也有例子可供參考，如：

2002 Michel Colin-Deleger Puligny-Montrachet 1er Les Demoiselles.

晶亮粉黃酒色，聞杯時若北風割鼻，礦物感鋒利。刀光劍影後絲絲蜜意，糖蜜甜融化了礦石。後段芝麻、桶仍濃，但血已凝冷，甜美的臉變得僵化，再甜也是膩。

入口後的動作

酒液進入口腔後，依靠舌與口腔壁攪動酒液，使之在口腔內轉動，感受酒體結構、平衡與口味長度；微微低頭，將酒液集中於口腔前部，兩唇離隙輕輕吸氣，依靠氣體攪動酒液，感受口香。

咽下或吐出

充分感受其滋味後，或咽下(在只有少量酒樣或者遇到大愛之酒時)或吐掉酒液，體驗收尾時的感受以及回味長度與質量。

酒評

通過視覺、嗅覺與味覺，充分接觸葡萄酒樣，對於酒樣的感官特點有了充分的認識，可以說品評已經基本完成，但是為了交流與記錄，還需要將已經形成的感覺進行符號化與標準化──書寫評語與打分。

酒評，如果是因為擔心自己腦子不夠好，或者期望多年後會有機會再次嘗到同一款酒而作的個人筆記，記錄自己的感受，寫起來也就簡單了──只要自己看得懂，哪怕是使用一些符號進行標記，只要

有自己連貫、相對一致的標準即可。但恐怕多數的酒評不是為了這個目的而產生，如此說來，如果酒評是為了別人而寫，就不是一件說說而已的事──沒人看不重要，被人批是小事，說不定還會鬧出官司來。

葡萄酒評分系統

有時候還需要對葡萄酒進行評分，首先要確定一個評分體系──這也是在葡萄酒界開展口水戰的好話題。

目前常見的評分體系主要包括3大類。

五級制

以5分或者5顆星區分葡萄酒等級高低，採用這種評分體系的以倫敦的《品醇客》以及新加坡的《葡萄酒評論》雜誌為主要代表。這種評分方式必須結合文字評語，才能全面認識葡萄酒。

《品醇客》葡萄酒評分體系：

★ ★ ★ ★ ★ 絕佳典範 Outstanding quality, virtually perfect example

★ ★ ★ ★ 強力推薦 Highly recommended

★ ★ ★ 推薦 Recommended

★ ★ 尚好 Quite Good

★ 可接受 Acceptable

Tips

法國教育體系中評分標準

>18 /20 優秀 >16 /20 很好

14~16 /20 好 12~14 /20 尚好

10~12 /20 及格

20分制

在法國，教育系統普遍採用20分制評價學生學業，因此法語酒評多採用20分制，比如RVF，另外Jancis Robinson也採用20分制酒評

RVF評分體系

20夢寐以求

19.5~17.5優異　　　17~15.5偉大

15~13.5好　　　　　13~11.5正確

≤11平庸

Jancis Robinson接受的起評分是14分。

百分制

百分制一目了然，因為在葡萄酒新世界中，由於大部分地區教育體制都採用百分制，評分跨度大，僅記住一個分值（不用記評語），就能很好地評價酒的品質，很適合被電子化馴化了的「傻瓜式」大腦。

採用百分制的代表有Robert parker創建的《葡萄酒倡導家》（Wine Advocate）、《葡萄酒觀察家》（Wine Spectator），以及《葡萄酒愛好者》（Wine Enthusiast）。

《葡萄酒倡導家》百分制標準

96~100分：頂級佳釀（Extraordinary）

90~95分：　優秀（Outstanding）

80~89分：　優良（Barely above average to very good）

70~79分：　普通（Average）

60~69分：　次品（Below average）

50~59分：　劣品（Unacceptable）

▼柏圖斯釀酒師讓‧克羅德‧貝魯埃（Chateau Petrus, Jean Claude Berrouet）

— 專題 9 —

當今世界葡萄酒品評常用的評價體系和表格

　　葡萄酒品嘗評分表多種多樣，其便捷性、效率和效果沒有對比研究。品嘗評分表越詳細和複雜，品評員進行品評記錄的時間越長，感官特性的差異不易描述。而如果評分表太簡單，偏差較大。

　　以下是當今世界葡萄酒品評使用較多的幾個計分與評價體系表格。

葡萄酒嗜好品評計分表

等級	葡萄酒名字
第一等	
第二等	
第三等	
第四等	
第五等	
第六等	

對比品評描述記錄表

品酒師姓名		時間	地點
葡萄酒編號		A	B
葡萄酒類型			
外觀	顏色（深淺和色調）		
	澄清度		
	其他		
香氣	純正度		
	濃郁度		
	描述		
	質量		
	缺陷		
口感	描述　入口		
	描述　變化		
	描述　尾味		
	協調性和結構		
	口香（濃郁度和質量）		
	芳香持久性		
	其他		
評價	在你認為正確等式處畫 √	A＝B ○ A≠B ○	
	在你更喜歡酒下畫 √	○	○

注：葡萄酒説明(葡萄品種、產地、年份、生產廠家)：

A. 酒樣：　　B. 酒樣：

葡萄酒理化指標説明(酒度、總糖、滴定酸、揮發酸、游離二氧化硫

A. 酒樣：　　B. 酒樣：

葡萄酒處理説明(品嘗前添加的物質)：

美國葡萄酒協會（AWS）葡萄酒品評記錄表（20分制）

姓名： 時間：

地點： 目的：

序號	葡萄酒	價格	外觀 3	果香/醇香6	口感/結構6	後味 3	總體印象2	總分 20
1								
2								
3								
4								

該表各單項的評分標準為：

項目	分數	級別	特徵
外觀和顏色	3	優秀	有光澤、明顯的典型顏色
	2	好	透明、典型顏色
	1	差	輕微霧狀和或略失光
	0	很差	渾濁和或失光
香氣	6	完美	非常典型的品種香氣或果香，醇香濃郁，極其協調
	5	優秀	典型果香，醇香濃郁，協調
	4	好	典型果香，醇香突出
	3	合格	輕微的果香和醇香，令人舒適
	2	差	無果香或酒香，或略有異味
	1	很差	有異味
	0	淘汰	令人生厭的氣味
口感和結構	6	完美	極典型品種或酒種味感，極其平衡，圓潤、豐滿而醇厚
	5	優秀	典型品種或酒種味感，平衡，圓潤、豐滿、較醇厚
	4	好	典型品種或酒種味感，平衡、圓潤、豐滿、較醇厚
	3	合格	無典型性，但舒適，欠平衡，或略瘦弱或粗糙
	2	差	無典型性，不平衡，粗糙
	1	很差	有不愉快味道，不平衡
	0	淘汰	令人生厭的味道，結構不平衡
餘味	3	優秀	餘味悠長
	2	好	餘味愉快
	1	差	無餘味或輕微的餘味
	0	很差	餘味不良
整體印象	2	優秀	
	1	好	
	0	差	

AWS的評分總分在18~20分為完美，15~17分為優秀，12~14分為好，9~11分為合格，6~8分為差，0~5分為很差。

Davis 葡萄酒品評評分表

被廣泛使用的是Davis品嘗評分表。因為Davis評分表是鑒定葡萄酒生產缺陷的工具，但是這個評分表不完全適合於高質量的葡萄酒。另外，這個評分表也用於估價特定葡萄酒的某方面(如白葡萄酒收斂性)，或特定特性(如起泡葡萄酒氣泡特性)。用於起泡葡萄酒估價的評分表包括葡萄酒氣泡特性。

A. 美國Davis葡萄酒品嘗評分表(20分制)

葡萄酒： 日期：

特徵： 描述：

項目	分數	級別和特徵	得分
外觀和顏色	0	差：失光、顏色不正常	
	1	好：透明，具有葡萄酒典型色澤	
	2	優秀：有光澤，具有該酒典型色澤	
香氣	0	淘汰（病）：異味，使人不愉快的氣味	
	1	很差：有輕微的異味	
	2	差：沒有典型的品種-產地-典型香氣或酒香	
	3	合格：輕微的典型的品種-產地-典型香氣或酒香	
	4	好：具有典型的品種-產地-典型香氣或酒香	
	5	優秀：明顯的典型的品種-產地-典型香氣或酒香、香氣複雜	
	6	完美：典型的品種-產地-典型香氣或酒香香氣濃郁、複雜、優雅	
酸味	0	差：酸度太高（尖酸）或酸度太低（寡淡）	
	1	好：適合葡萄酒風格的酸度	
平衡	0	差：酸甜比例失調，過於苦澀	
	1	好：酸甜比例適合，苦澀適中	
	2	完美：酸甜平衡，爽淨，口感順滑	
酒體	0	差：清淡或酒精感過強	
	1	好：口感適中，酒精協調	

風格	0	淘汰（病）:味道惡劣，氣味異常，令人生厭	
	1	差:缺乏品種和產地特徵，無典型性，結構感不好	
	2	好:典型的品種和產地特徵，平衡、圓潤、口感豐滿	
	3	完美:非常典型的品種和產地特徵，平衡、圓潤、醇厚	
餘味	0	差:餘味不良，苦澀味強	
	1	好:餘味適中，回味令人愉快	
	2	完美:餘味悠長（>10~15 s），回味優雅	
總體質量	0	淘汰（不可接受）:缺乏明顯的風格	
	1	好:具有基本的典型特徵	
	2	優秀:具有大多數典型特徵	
	3	完美:幾乎具有葡萄酒所有典型特徵	

評分標準:優，17~20；良好，13~16；好，9~12；差，1~8。

B. 美國 Davis 起泡葡萄酒品嘗評分表

葡萄酒: 　　　　日期:

特徵: 　　　　描述

項目	分數	級別和特徵	得分
外觀和顏色	0	差:失光、顏色不正常	
	1	好:透明，具有葡萄酒典型色澤	
	2	優秀:有光澤，具有該酒典型色澤	
氣泡特性	0	差:氣泡少而大，氣泡串松散，持續時間短	
	1	好:氣泡中等大小，氣泡串較長，持續時間長，氣泡不逬發①	
	2	優秀:氣泡細小，氣泡串珠狀，持續時間長，在液面逬發	
	3	完美:很多細長氣泡串，氣泡緊湊而飽滿	
香氣	0	淘汰（病）:異味，使人不愉快的氣味	
	1	很差:有輕微的異味	
	2	合格:輕微的典型的品種香氣或酒香②	
	3	優秀:明顯的品種香，香氣複雜，具有烘烤香和酒香	
	4	完美:香氣複雜，豐富的果香，烘烤香，餘味悠長	

酸味	0	差:酸度太高（尖酸）或酸度太低（寡淡）	
	1	好:適合葡萄酒風格的酸度，爽淨	
平衡	0	差:寡淡、酸甜比例失調，過於苦澀	
	1	好:酸甜比例適合，苦澀適中，沒有金屬感	
	2	完美:酸甜動態平衡，口感豐富，協調	
風格	0	淘汰（病）:味道惡劣，氣味異常，令人生厭	
	1	差:缺乏典型風格特徵，泡沫像肥皂	
	2	好:具有典型風格特徵，針刺口感，活潑	
	3	完美:非常典型風格特徵，氣泡具有口感震動特徵	
餘味	0	差:餘味不良，苦澀味強	
	1	好:餘味適中，回味令人愉快	
	2	完美:餘味悠長（>10~15 s），回味優雅	
總體質量	0	淘汰（不可接受）:缺乏明顯的風格	
	1	好:具有基本的典型特徵	
	2	優秀:具有大多數典型特徵	
	3	完美:幾乎具有葡萄酒所有典型特徵	

① 指細小氣泡彙集於酒杯液面，逬發使得液面呈圓環，從中心擴展到酒杯邊緣。

② 指發酵完全，後處理完全。

總評分級別不應該大於其有效使用級別。在20分制系統中，可以有0.5分，以增加有效顯示評分差別。半分制的設置可以增加評分的寬度，避免打分集中和分級偏差。

意大利、中國等國家以及國際葡萄與葡萄酒組織(OIV)品嘗評分表採用百分制。但是，沒有證據顯示，品評員的鑑別能力如此精細。

品嘗評分表被設計用於感官描述分析，主要用於通過對相似葡萄酒進行定量分析統計描述葡萄酒的特性。

意大利葡萄酒協會葡萄酒品嘗評分表（百分制）

品酒師姓名　　　　　　時間

葡萄酒說明　　　　　　地點

項目		等級和評分 優4 良3 好2 中1 差0	係數	總分
外觀	外觀		2	
	顏色		2	
香氣	優雅度		2	
	濃郁度		2	
	純正度		2	
口感	酒體		2	
	協調度		2	
	濃郁度		2	
芳香持續性			3	
典型性			3	
總體感官質量			3	
總分				

國際葡萄與葡萄酒組織（OIV）葡萄酒品嘗評分表（百分制）

A. 靜止葡萄酒

項目	優		很好	好	一般	較差	差	很差
外觀	澄清度		6	5	4	3	2	1	0
	顏色	色調	6	5	4	3	2	1	0
		色度	6	5	4	3	2	1	0
香氣	純正度		6	5	4	3	2	1	0
	濃郁度		8	7	6	5	4	2	0
	優雅度		8	7	6	5	4	2	0
	協調度		8	7	6	5	4	2	0
口感	純正度		6	5	4	3	2	1	0
	濃郁度		8	7	6	5	4	2	0
	結構		8	7	6	5	4	2	0
	協調度		8	7	6	5	4	2	0
	香氣持續性		8	7	6	5	4	2	0
	餘味		6	5	4	3	2	1	0
總體評價	8		7	6	5	4	2	0

B. 起泡葡萄酒

項目		優	很好	好	一般	較差	差	很差
外觀	澄清度	6	5	4	3	2	1	0
	泡沫 氣泡大小	6	5	4	3	2	1	0
	持續性	6	5	4	3	2	1	0
	顏色 色調	6	5	4	3	2	1	0
	色度	6	5	4	3	2	1	0
香氣	純正度	7	6	5	4	3	2	0
	濃郁度	7	6	5	4	3	2	0
	優雅度	7	6	5	4	3	2	0
	協調度	7	6	5	4	3	2	0
口感	純正度	7	6	5	4	3	2	0
	濃郁度	7	6	5	4	3	2	0
	結構	7	6	5	4	3	2	0
	協調度	7	6	5	4	3	2	0
	香氣持續性	7	6	5	4	3	2	0
總體評價		7	6	5	4	3	2	0

《中國葡萄酒》品嘗評分表（百分制）

項目		很好	好	良	一般	不好
外觀	色澤、	5	4	3	2	1
	澄清度					
香氣	果香濃郁度	5	4	3	2	1
	陳香、酒香度	5	4	3	2	1
	香氣的層次性	5	4	3	2	1
滋味	口感濃郁度	5	4	3	2	1
	爽淨度及回味	5	4	3	2	1
	平衡性	5	4	3	2	1
	味覺的深度和長度	5	4	3	2	1
總體質量	陳釀潛力	5	4	3	2	1
	典型性	5	4	3	2	1
基本分		50				
總分						

96~100分：酒體豐富、層次多樣，擁有該品種釀製出最好的葡萄酒所能期望的所有特徵。這個等級的葡萄酒非常值得專門去尋找、購買以及收藏；

90~95分：酒體平衡，具有特殊的層次性以及該品種的特徵，它們是些很出色的葡萄酒；

80~89分：比一般好酒的平均水平要高一些，具有不同程度的風味，酒體平衡，並且沒有明顯的瑕疵

70~79分：一般水平的葡萄酒，除了很好的釀造外，還具有一些自己的特徵。大體上，是一種簡單明瞭、無傷大雅的葡萄酒；

60~69分：低於一般水平的葡萄酒，具有較明顯的缺陷，比如：酸過多，劣質的單寧種類和數量過多，風味口感匱乏，香氣不足；

50~59分：一種不合格的葡萄酒。

亞洲葡萄酒質量大賽評分表（百分制，西北農林科技大學葡萄酒學院制定，靜止葡萄酒）

項目		完美	很好	好	一般	不好
外觀分析	澄清度	5	4	3	2	1
	色調	10	8	6	4	2
香氣分析	純正度	6	5	4	3	2
	濃度	8	7	6	4	2
	質量	16	14	12	10	8
口感分析	純正度	6	5	4	3	2
	濃度	8	7	6	4	2
	持久性	8	7	6	5	4
	質量	22	19	16	13	10
平衡 / 總體評價		11	10	9	8	7

評分標準：完美，85~100；很好，80~85；好，70~80；一般，50~70；不好，＜50。

評獎範圍：得獎產品不超過參賽產品總數的30%。其中金獎，85~100；銀獎，81~85。

法國波爾多葡萄酒學院品嘗描述記錄表

品酒師姓名	
葡萄酒說明	
外觀	顏色（深度、色調）
	澄清度
	其他
香氣	純正度
	濃郁度
	描述
	質量
	缺陷
描述	入口
	變化
	尾味
口感	協調性和結構
	口香（濃郁度和質量）
	芳香持久性
	其他
	結論
評分	給分
	滿分 5 － 10 － 20

品嘗前各品酒師選擇一致的滿分分值，劃掉不必要的滿分數。

Chapter 7
葡萄酒配餐

為什麼要強調葡萄酒與餐食的搭配？

餐桌之上無非「吃」「喝」二字，吃與喝都是由同一只口完成，吃到與喝到的物質之間就會產生相互影響。

如果把吃、喝當件事來研究的話，吃與喝的相互影響自然就是一件大事情。

1+1 > 2有誰看不懂呢？葡萄酒的風味之豐富多樣在飲品中可謂無與倫比，研究葡萄酒與美食的搭配，也就成了美食家們無窮的話題。

葡萄酒配餐的主要原則

吃與喝的相互影響無非有3種可能：

第一種可能：天上一腳地下一腳，比如麻辣食物與冰鎮酸梅湯。第二種可能：互不干擾，吃與喝是絕對獨立的兩種行為，兩種感覺，比如就白開水吃饅頭。第三種可能：1+1 > 2的超值享受，吃到與喝到的物質搭配在一起，得到二者獨立享用所沒有的感受。

葡萄酒配餐的首要原則，是需要確定「酒配餐」還是「餐配酒」。

無論是為了心儀已久的一道美味佳餚挑選葡萄酒，還是為了一款富有故事的稀世佳釀搭配美食，總的原則是不要喧賓奪主。葡萄酒配餐的一個永恒不變的真理是：地方菜與本地酒相互搭配，往往不會令人失望。當地人世世代代的選擇，總是不會有錯。

以餐配酒

如果以葡萄酒風味特點為出發點，選擇與之搭配的餐食，需要在考慮葡萄酒酸度、甜味、單寧以及葡萄酒的香味特點之後進行。

① 酒的酸度

葡萄酒通常具有顯著的酸度，口味比較強烈的食物、鮮嫩的食物或者具有奶油汁的食物，都是搭配具有較好酸度的葡萄酒的佳選。比如口味比較強烈的鴨肉搭配酸度突出的紅葡萄酒，貝殼類海鮮搭配清爽的白葡萄酒，奶油意大利面搭配酸度好的葡萄酒等。

相反，酸度低的葡萄酒需要帶有酸味的菜餚。但是，要注意菜品過高的酸也會破壞葡萄酒原有的平衡口感，特別是加了醋的各式沙拉或酸菜，最好搭配口味中性的桃紅葡萄酒，尤其是半乾型葡萄酒。

② 酒的甜味

甜葡萄酒當然需要搭配甜食享用，但是有時也可以搭配鵝肝醬、藍莓奶酪或者帶有辣味的菜品。

帶有甜味的菜品不能搭配乾型的葡萄酒，除非是酒精度很高的葡萄酒。

③ 酒的單寧

葡萄酒具有明顯的澀感，產生這種澀

感的主要是各種酚類物質，其中主要是單寧。紅葡萄酒單寧也是其口感骨架的構建成分，這種澀感能很好地搭配肉品堅硬的口感。所以，通常用紅葡萄酒搭配肉菜，也就是我們習慣上說的「紅肉配紅酒」。

如果紅葡萄酒搭配過甜、過鹹的食物，會使酒的澀感加重。

④ 酒的香味

如果酒的香氣比較突出，那麼選擇與之搭配的餐食之氣味，也要與之協調。香氣重的菜餚，可以用來搭配香氣濃的葡萄酒，比如，用哈蜜瓜搭配瓊瑤漿或者玫瑰香、威歐尼，不僅能獲得良好的口感，香氣也很和諧。同樣道理，搭配香辣的川菜，可以考慮半乾或半甜的雷司令、瓊瑤漿。

以酒配餐

如果以餐食風味特點為出發點，選擇與之搭配的葡萄酒，不僅要考慮食材原味，還要考慮醬汁以及加工手法的影響，亞洲餐食更是如此。

① 菜品味道濃淡

選擇配餐的葡萄酒與所搭配的菜餚味道濃淡的差距不能太大，味道清淡的菜餚自然應與口感清淡的葡萄酒搭配，反之亦然。

如果用口味清淡的葡萄酒搭配具有濃甜醬汁的菜品，會使葡萄酒更加淡而無味；或者用口感細膩雅致的菜品，伴以口感粗獷濃重的葡萄酒，菜品之細緻優雅則蕩然無存。

② 肉色

肉色原則就是通常說的「白酒配白肉，紅酒配紅肉」的基本原則。

白肉通常包括海鮮、雞肉、魚肉，還包括豬肉和小牛肉。而牛羊肉、野味以及鵝肉、鴨肉則是通常意義上的紅肉。

白肉味道清淡，如果加工時忠於食材原味，選用醬汁清淡，需要搭配味道清淡的白葡萄酒，如用白葡萄酒搭配日餐。紅肉味道濃重，有時又有腥膻之氣，加工時需要用濃醬汁，因此適合搭配口感厚重的紅葡萄酒，如用隆河谷紅葡萄酒搭配野味。

白酒配白肉，紅酒配紅肉，這個原則只是在菜餚的烹調手法使肉食忠於原味的情況下才成立，使用五花八門調味料進行烹飪的亞洲餐食則另當別論。

③ 香料

菜餚中香辛料的香氣往往是葡萄酒的殺手，添加香料的菜餚需要香氣濃郁，口感濃重，甚至帶有甜味的葡萄酒搭配。

前文提到的原則下不能搭配紅葡萄酒的食材，比如海鮮類，當添加了香料烹飪後，也能搭配一些紅葡萄酒；添加了許多蔥、蒜等調料的菜餚通常難於搭配葡萄酒，選用酒精度高的濃厚白葡萄酒或許會有意外收穫。

④ 辣味

亞洲餐很多具有辣味，前文提到，川菜館中搭配辣味的經典飲品是酸梅湯，那麼選用酸度明晰、口味清淡、飲用溫度偏低的葡萄酒，肯定不會有錯。

⑤ 甜味

帶有甜味的菜品，肯定需要帶有甜味的葡萄酒與之搭配，但是，除了甜之外，還要考慮菜品口味的其他特點。比如，搭配東坡肉微甜、嫩滑以及油質的口感，選用半甜的雷司令。而配有黑朱古力食品，只能是選用高酒精度、帶有甜味的紅葡萄酒。

葡萄酒與美食的搭配點評

中餐菜系、風味、烹飪方法之豐富是全世界聞名的，中餐佳餚能夠很好地與葡萄酒搭配的有很多，葡萄酒配中餐「色、香、味」相得益彰的訴求完全可以得到完美的體現。

法國美酒與中國美食搭配的經典體驗

2010年底，瑪歌酒莊決定在北京舉行酒配餐美食記者體驗活動，莊布忠先生（《The Wine Review》出版人，業界習慣稱呼他「布忠」）向Paul（Chateau Margaux總經理／釀酒師）提出嘗試用中餐搭配的建議，並得到完美實施。經過布忠協調，Arc（法國弓箭玻璃製品公司）送來150只專業酒杯，香港馬會俱樂部專業侍酒師Michael Yue客串出場。所有的努力成就了這樁中法美食美酒經典老店之間的美好「姻緣」，使這次體驗堪稱法國美酒與中國美食搭配的曠世經典。

時間：2010年12月13日18:30；
地點：北京豐澤園頤年堂。

第一道餐、酒：
佳餚：鍋塌豆腐和乾炸丸子
美酒：瑪歌白亭2009（Pavillon Blanc du Chateau Margaux 2009）
點評：因為酒剛剛裝瓶的緣故，這是6款酒中最難配美食的一款酒。瑪歌白亭一貫

德美説

酒配餐

酒配餐雖不是一個新鮮的話題，卻是美食客們喋喋不休、永遠熱衷的話題。無論是酒配餐還是餐配酒，都是為了在「色、香、味、意」等方面創造出提升感官享受的一些嘗試。

酒配餐有一個經典而又簡單的原則：本地酒配本地餐，本地酒與本地餐是同根生，又經過千百年來土生土長的本地人不斷調教，它們能夠和睦相處，自然不在話下。但是，如果酒遠嫁異國他鄉，仍然簡單地重複原產地餐酒相配的故事，也許二者仍會和睦，但是食客們卻不一定買賬。外來酒必須與當地的餐飲元素相結合，方能獲得共鳴。

優雅，作為波爾多典型的乾白，經過橡木桶陳釀。由於這款酒剛剛裝瓶不久，口感尚顯硬實，橡木氣息明顯，正合適搭配口感軟嫩的鍋塌豆腐，和搭配外

焦脆、裏軟嫩、味鮮香的乾炸丸子，為了保持丸子的焦脆一定要配椒鹽而不是老虎醬。兩道菜是深黃或金黃色，色澤與酒的色澤一致，營造了美好的氛圍。配酒食用時，鍋塌豆腐如果能配豆苗一起入口更為絕妙。

第二道餐、酒：
佳餚：糟溜魚片
美酒：瑪歌白亭 1988（Pavillon Blanc du Chateau Margaux 1988）
點評：1988 年的白亭香氣細緻，口感優雅、醇美；魚片白如

雪，間有木耳點綴，整道菜晶瑩閃亮，糟香濃醇，口感滑嫩，乾白配魚本是酒配餐通則，加上糟香及其甘美的口感，與這款酒的色、香、味相得益彰。

第三道餐、酒：
佳餚：北京烤鴨
配酒：瑪歌紅亭 2003（Pavillon Rouge du Chateau Margaux 2003）
點評：挑選配烤鴨的葡萄酒有

些難度，一方面焦脆細嫩的鴨肉需要紅葡萄酒的單寧搭配，另一方面，配吃的甜麵醬又需要口感甜美、果味充裕的葡萄酒。2003年的紅亭香氣濃郁，入口順滑，又不乏乾熱年份給予酒的甜美。這對搭配可謂酒配餐的經典。

第四道餐、酒：
佳餚：栗子白菜
美酒：瑪歌紅亭 1990（Pavillon Rouge du Chateau Margaux 1990）
點評：「栗子白菜」，望文生義，這道菜一定是清香嫩滑，似乎應當搭配白葡萄酒，但是，蔬菜的甜中微微帶有澀感，栗子具有甘甜沙質的口感。成熟完好的1990紅亭，其絲滑、雅致的口感，在這道菜的襯托下更加突出。

第五道餐、酒：
佳餚：香酥雞
美酒：瑪歌 1999（Chateau Margaux 1999
點評：1999年是一個經典的年份，經過 11 年的陳化，酒不乏活力，口感顯現出柔順、細膩的單寧。香酥雞蒸制後肉爛而嫩，經過炸製，

皮焦酥。應當説，這道餐酒搭配相互增色。有人説香酥雞的翅中部位搭配最佳。

第六道餐、酒：
佳餚：葱燒海參
美酒：瑪歌1989（Chateau Margaux 1989）
點評：1989是一個很好的年份，經過21年的陳化，這款酒展現

出其絢麗的風采：甘草、咖啡氣息明晰而富有變化，伴有優雅、細緻的果香，口感絲滑、悠長、平衡，回味甘美，有流連忘返的感覺。如不是這道葱燒海參，面對此佳釀真是舉杯而停箸，海參柔軟、滑嫩、軟爛卻又不失乾發海參彈牙的質感，味道葱香濃郁。由於海參的特殊質感，這道菜吃起來對於初次嘗試中餐的西方朋友真有些形式上的困難。

128 波爾多頂尖年份葡萄酒晚宴

時間：2005年11月26日；
地點：北京中國大飯店。

餐前酒：
洛朗 · 佩里艾（Laurent Perrier）香檳 GRAND SIECLE la cuvee

明亮清澈，淺金黃色，連續細膩的氣泡猶如串起的珍珠。蜜、烤杏仁、奶油香氣，持久性好。圓潤豐滿，優雅而細膩。

一杯洛朗 • 佩里艾將下午的倦意驅散。GRAND SIECLE la cuvee 一般採用多年份、多地塊的原酒調配，所有地塊都是上等葡萄園。一般採用黑皮諾以及霞多麗葡萄品種，調配後再次發酵時，帶酵母陳釀高達5年。

第一道餐、酒：
佳餚：冰凍澳大利亞鮮鮑、乳豬、鹵水鵝肝、南京烤肉四色拼盤
美酒：騎士酒莊乾白葡萄酒1995（Domaine de Chevalier Blanc 1995）★★★
點評：酒中有新鮮活躍的蘋果、香蕉、蜜香氣，淡香草氣息；入口順滑，結構感好，圓潤，回味好。
這款白葡萄酒的清新、活躍的酸感與鮮鮑切片相得益彰，其不凡的、雅致的單寧與香脆而不膩的乳豬搭配完美。

第二道餐、酒：
佳餚：紅燒魚翅配燒汁金元貝
美酒：小村莊乾紅葡萄酒1989（Chateau Petit Village 1989）★★★☆
點評：朱古力、乾梅、香草以及微微的桂皮粉氣息；入口微甜，單寧仍然突出。

Tips

☆	半顆星	★	可接受
★★	一般	★★★	好
★★★★	優秀	★★★★★	傑出

第三道餐、酒：

佳餚：大閘蟹粉釀蟹蓋

美酒：比宋乾紅葡萄酒1989（Chateau Pichon Baron Longueville 1989）★★★

點評：酒中有朱古力、乾菇、黑醋栗柔和的香氣；口感平滑，不失新鮮，結構感強，回味好，仍具陳釀潛力。

第四道餐、酒：

佳餚：蒜香南乳醬燒雞扒

美酒：騎士酒莊乾紅葡萄酒1985（Domaine de Chevalier Rouge 1985）★★★☆

點評：香草、香菇；入口順滑，口感厚實，平衡、連續、和諧，長度好。正適飲，不宜過度等待。

第五道餐、酒：

佳餚：香芋梅菜燜鴨胸

美酒：龐馬酒莊乾紅葡萄酒1985（Chateau Palmer 1985）★★★☆

點評：酒中有乾香菇、熏烤香氣；入口如絲質感，細膩優雅，回味長。葡萄採用57％的赤霞珠，33％的梅鹿輒，6％的品麗珠以及4％的小味兒多。正適飲。

配餐可以說比較完美，由於鴨胸具有一定的油脂，不似前一道雞扒，口感略顯柴。

第六道餐、酒：

佳餚：醬燒鱈魚塊

美酒：飛霞客酒莊乾紅1985（Chateau Figeac 1985）★★★☆

點評：酒的香氣顯現略現遲緩，有皮革以及優雅橡木香氣，淡桂皮粉氣息。入口強勁，單寧感強，不失平衡。

餐與酒整體低於期望值，酒可能是受到儲運條件的影響，鱈魚的新鮮度不夠完美。

第七道餐、酒：

佳餚：牛膝配素餃

美酒：克羅艾斯圖涅酒莊乾紅葡萄酒1982（Chateau Cos D'Estournel 1982）★★★★★

點評：酒有朱古力、塊菌、香草、黑醋栗香氣；口感正如其顏色，如絲質順滑，回味相當長，是當晚紅葡萄酒中的狀元。配餐也相當完美。

第八道餐、酒：

美食：冰芒果西柚官燕、朱古力蛋糕、杏汁腰豆膏

美酒：蘇特羅酒莊貴腐1997（Chateau Suduiraud 1997）★★★☆

點評：酒中有杏乾、蜂蜜、熟透的菠蘿香氣；清爽的酸度，口感厚實而不膩，平衡，回味好。加冰的芒果塊、燕窩調以葡

Tips
___

魯菜也稱山東菜，有膠東菜與濟南菜之分。魯菜取材廣泛，選料精細，講究豐滿實惠，烹調方法全面，精於制湯，善以蔥調味。魯菜在烹製海鮮上有獨到之處，尤其對海珍和小海味的烹製，堪稱一絕。

傳統魯菜代品種有蔥燒海參、燴烏魚蛋湯、蟹黃魚翅、奶湯核桃肉等。

萄柚汁是這款酒的絕好搭配。甜品與這款酒搭配的感覺相當好。

餐後酒：

威士忌（The Macallan Single Malt 18years Old）

一口威士忌使得已是飽脹的胃頓感輕鬆許多。

法國香檳與中國美食

香檳在葡萄酒的世界裏一直是高高在上，不僅僅因為其居高不下的價格，更主要的是其在酒宴中的位次——只要有香檳的酒宴，必須是香檳優先。香檳的高貴、典雅、美妙以及營造、烘托氣氛的能力，其他酒種無法望其項背。因此盛大慶典中，如果不開香檳，來賓似乎需要認真考慮一下：如此品位的主人是否需要你認真對待，除非你自己不在乎。

僅有香檳是可以在任何時候享用的酒種，但享用美妙的香檳，更多是在就餐時進行。菜品給人的感覺，肯定會與香檳給人的感受產生作用。法國香檳與中國美食，這會是怎樣的一種碰撞呢？

2000年歲末，由法國香檳協會中國代表處精心策劃了一場「中國傳統四人菜系與法國八款香檳的派對」。本次活動邀請了4位代表不同菜系的主廚，每人奉獻2道拿手的菜品——備料在自己的餐廳完成，最後加工環節在大董金寶彙店完成，與香檳完成一場美麗的邂逅。

▲ 果酥三文魚

▲ 達皮埃白中白

▲ 番茄翠菇沙拉

▲ 泰亭哲

Tips

粵菜包括廣州菜、潮州菜和東江菜。粵菜博采眾長選料廣博，奇而雜，河、海鮮是食中珍品。選菜還講究鮮爽滑嫩，夏秋清淡，冬春濃郁。除講究原料新鮮、現宰現烹外，還講究在火候上保持原料清鮮。

粵菜調料獨特，常見的有蚝油、魚露、珠油、糖醋、西汁等。烹調方法獨特，有煲、泡、等。

粵菜傳統代表品種有三蛇龍虎會、龍虎鳳蛇羹、油包鮮蝦仁、八寶鮮蓮八寶盅、蚝油鮮菇、瓦掌山瑞、脆皮乳豬等。

▲脆皮漁公海皇卷

◀塔蘭酒莊

▲雅克森

▲荷香金錢寶

第一、二道餐、酒：

魯菜。

佳餚：番茄翠菇沙拉、果酥三文魚

美酒：達皮埃白中白（Drappier，Blanc de Blanc）、泰亭哲珍藏乾型香檳（Taittinger Brut）

點評：達皮埃白中白酒具有一絲新鮮的烤

麵包氣息以及似菠蘿的清新，口感酸度好，活潑。泰亭哲珍藏乾型香檳（Taittinger Brut）香氣馥鬱，口感豐富，具有一定的分量感。

番茄翠菇沙拉做工精美，色澤艷麗，口感爽脆，味道甜美，是營造二人世界氛圍的上佳選擇，但是由於其突出的甜的口感，搭配酸度明顯的香檳有些牽強。菜中的胡桃仁搭配泰亭哲有些驚喜。

低溫加工的三文魚的腥氣及肥膩的油脂似乎超出進食者對三文魚的傳統認知，與達皮埃搭配尚可；而其中的牛肉粒的質感，搭配口感豐富的泰亭哲更好。

第三、四道餐、酒：

粵菜。

佳餚：荷香金錢寶、脆皮漁公海皇卷

美酒：雅克森732號（Jacquesson Brut 732）、塔蘭酒莊（Tarlant Brut）

點評：雅克森732號具有香草氣息，因其是在橡木桶內發酵。口感輕柔，需要靜靜地品味。塔蘭酒莊香氣輕柔，口感柔和，相對具有較好的口感長度。

荷香金錢寶香油味道過於張揚，遮蓋了菜品其他的香氣，顯得過於單調。油炸的茄子口感精美，搭配雅克森效果好；蝦

Tips

淮揚菜集江南水鄉菜餚之精華，有揚州、鎮江、淮安等地之特色。淮揚菜選料注意鮮活鮮嫩；製作精細，尤其注意刀工；調味清淡，強調本味，重視調湯，風味清鮮；色彩鮮艷，清爽悅目；造型美觀，別致新穎，生動逼真。

淮揚菜傳統代表品種有：叫化雞、糖醋鱖魚、芙蓉雞片、鹽水鴨、清燉蟹粉獅子頭、清蒸鰣魚等。

仁蒸制而成，質感滑嫩、味道可口，與塔蘭細膩的口感相得益彰。脆皮漁公海皇卷的「脆皮」未能脫俗，濃重的泡打粉實現了視覺的效果，但是無論口感還是進食時的氣味都不免讓人感到去掉這層外殼享用會更好。

第五、六道餐、酒：

淮揚菜。

佳餚：龍須鱔魚、草頭牛排骨

美食：杜洛兒香檳（Duval- Leroy，Brut）、瑪姆紅帶年份香檳1998年（Mumm，millesime 1998）

點評：杜洛兒香檳——Duval（杜洛兒）就是Duval！優雅的香氣，尤其是細膩、平衡的口感，令人不能釋杯。瑪姆紅帶年份香檳1998年香氣馥鬱，有層次，口感飽滿，具有較好的長度。好得沒有驚奇！

　　龍須鱔魚口感滑嫩，細膩，與蟹黃同食，別有一番風味，這道菜口味之精美，與瑪姆紅帶年份香檳飽滿而豐富的口感簡直是絕配！

　　草頭牛排骨牛排選料好，尤其是製作者忠於原料的本色，牛肉質感甚佳，搭配杜洛兒細膩、平衡的口感效果不錯。也可搭配瑪姆年份。

▲ 龍須鱔魚

▲ 草頭牛排骨

► 杜洛兒香檳

◄ 瑪姆紅帶年份香檳1998年

▲ 辣子雞

▲ 菲麗普娜粉紅

▲ 白雪紫醇

▲ 水煮牛肉

第七、八道餐、酒：

川菜。

佳餚：水煮牛肉、辣子雞

美酒：菲麗普娜粉紅（Philipponat，Rose）、白雪紫醇（Piper Heidesieck，sublime）

點評：菲麗普娜粉紅可人的粉紅色，具烤麵包氣息以及紅櫻桃氣息，烤果仁氣息，口感厚實。白雪紫醇香氣雅致，入口甜美，口感輕柔，尾味似西柚。

水煮牛肉中的蔬菜口感柴，辣有餘而香不足，尚可接受，搭配白雪紫醇尚可，白雪紫醇香檳口感中的甜度，可以恢復辣導致的味覺遲鈍。辣子雞只能説太辣而無特色。

僅一款酒的盛宴

在一個被多家媒體評為新加坡「10佳」餐廳，更被世界著名飲食雜誌 S. Pellegrino 於 2009 年評為「世界 50 佳」餐廳裏，被邀請的人雖不多，卻是來自各國的專業食評家，菜品更是組織者與主廚經過幾輪嘗試才確定下來，並且，晚宴從頭到尾僅用一款美酒來搭配。

德美説

從搭配的效果看，假如按照四個菜系的菜比較，顯然淮揚菜效果突出，其主要原因，不是菜系本身的緣故，而是製作者的經驗背景決定。製作淮揚菜的侯師傅在中國大飯店的夏宮餐廳工作，而其他 3 位都是在傳統中餐廳工作，酒配餐或者餐配酒是傳統中餐廳主廚所不擅長的。

Tips

川菜也叫四川菜，以其麻辣味聞名於海外（甚至成為某些海外食客對中國菜的印象），有「食在中國，味在四川」之美譽。川菜選料認真，且配料細，烹製考究，調味多樣，尤其是味別多樣，有百菜百味之稱。常見味型有魚香味、五香味、怪味、麻辣味、荔枝味等。

代表菜餚有：魚香肉絲、宮保雞丁、一品熊掌、怪味雞塊、麻婆豆腐、乾燒岩鯉等。

一款酒的盛宴——瑪姆香檳Rene Cuvee Lalou 1998年份大瓶香檳在新加坡麗晶酒店的IGGY's餐廳的發佈會。

第一道佳餚：蠔、西米配金槍魚

點評：蠔細嫩的口感，金槍魚似有非有的韌性質感以及檸檬汁微微酸感非常清新，不僅使人胃口大開，更有耳目一新的興奮。搭配低溫下的這款香檳，霞多麗清新的口感效果絕妙。

第二道佳餚：三文魚、薯仔點綴魚子醬配朝鮮薊

三文魚的肥美，魚子醬鹹鮮，鮮嫩質滑的朝鮮薊，令人感覺到如北京的5月，溫暖撲面而來。香檳隨著酒溫度的升高而呈現出的更複雜香氣，以及更飽滿的口感，相得益彰。

第三道菜：龍蝦，意大利調味飯

龍蝦肉的質感筋道富有彈性，澆汁滋味馥鬱而不過張揚。酒溫升高梯度變化的微妙，搭配兩道餐之間口感差異，可謂細緻入微。

第四道佳餚：和牛、骨髓

和牛的口感無需贅言，進入口中慢慢品來，能感受到原料的精細，烹飪的火候可謂精準，令人心生感動。在這款香檳14℃時，其飽滿的口感，尤其是其結構感，與和牛的口感完美結合，如果不是親自體驗，無論如何也想象不出一款可以搭配蠔的香檳，居然也可以搭配牛肉！

德美説

新加坡的酒店與餐飲業獲得舉世矚目。在 IGGY's 能夠美美地享受一餐——無論是服務水平還是菜品質量都非常之高，甚至有時候食客因為時間允許、心情輕鬆而被感動得流淚也不足為奇。在這樣的國度遊歷，對於食客或者遊客是一件美事，但是，對於餐飲的經營者而  言，能立足已屬不易，更何況一個被評為 10 佳的餐廳呢！説起 IGGY's，首先應提及餐廳的創始人——曾廣燊（Ignatius Chan），2004 年創辦餐廳時，他已經是擁有豐富經驗的侍酒師，先後在幾家頂級酒店工作，其間，由於表現優秀而獲得多次出國深入葡萄酒產區訪問學習的機會。現在，餐廳酒單上的酒是他直接從酒莊選定的。

再來看看美酒。香檳是唯一一種能夠調動人的所有感官參與享用的一種美妙液體——尤其是開瓶「嘭」的聲響，以及杯中徐徐升起，發出「嘶嘶」細語，串串如珍珠的歡騰的泡泡，是飲用其他類型的酒時所不能獲得的感官享受——靜止酒的缺憾就是忽略了品飲者耳朵的存在。

「香檳」作為一個葡萄酒產區算不上大，僅有 2.5 萬公頃，相當於波爾多葡萄園面積的五分之一，但出產的香檳品牌繁多，即使在當地生活多年的人，也難以一一悉數。擁有 180 年驕人歷史的瑪姆香檳（G.H.Mumm）旗下的頂級香檳 —— Cuvee Rene Lalou 卻是香檳愛好者不會忽略的一款酒。

瑪姆香檳一直和喜慶緊密地聯繫在一起，每當有慶典的時候，瑪姆香檳便會成為宴會的上賓，尤其是「紅帶系列」產品，瓶身上耀眼的紅色綬帶標誌是拿破侖用來表彰卓著功勛的榮耀象徵；如今，每個 F1（國際方程式賽車）冠軍勝利之後用它慶祝。

一款酒怎樣成就盛宴？

將 Cuvee Rene Lalou 1998 年份香檳置於 8℃、11℃、14℃下，在品味 4 道美食之間搭配品飲，其創意的絕妙，無論對於菜品的口感與味道差異性的要求，對品鑒者感覺的細膩程度的要求，以及對服務質量之精准的要求，都是是一種考驗：室外自然溫度 30℃ 以上，室內 20℃，但是，斟杯中的酒用溫度計測量，居然精准地在預先設定之中！當然，面臨考驗壓力最大的還是這款「不變」的美酒。

在 8℃ 時，酒呈現出來的香氣以白色花，如檸檬以及黃色水果如菠蘿的氣息，活潑的酸度，清新的口感；隨着溫度的升高，在 11℃，香氣中梅子、溫柏的氣息仍在，但是出現似果醬、芒果以及烤果仁、淡淡的烤麵包的氣息，口感變得豐富，口味相當協調；溫度繼續升高，14℃ 時，黑皮諾的感覺越來越明顯，香氣以黃色水果為主，間或薑餅、奶油卷，甚至香草、茴香的氣息，口感顯現結構感，酒體加重，口味長度延長。

主廚對話釀酒師

釀酒師僅僅為消費者釀造了美酒，但是美酒的享用確是在餐桌上，如何選擇合適的食物搭配，更好地展現美酒的魅力，卻不是釀酒師所能企及。

談到葡萄酒和中餐的搭配這個話題，令人不自覺地想到西餐搭配葡萄酒的經典——紅酒紅肉，白酒白肉的酒配餐基本原則。有人懷疑中餐搭配葡萄酒的可行性。經驗表明，

魯菜系的菜餚搭配葡萄酒方面似乎具有更大的潛力。

那麼，發生在美酒、佳餚的製作者——主廚與釀酒師間的對話，又會是怎樣的一番情景呢？

主廚：王小明，現任太偉高爾夫俱樂部副總經理，前北京華北大酒店的行政總廚，精於烹製魯菜。

釀酒師：德美，時任中法政府合作葡萄種植與釀酒示範農場首席釀酒師，曾經求學於世界葡萄酒之都波爾多。

第一道餐、酒：

佳餚：海米西芹，搭配效果：★★★

鹽水煮栗子，搭配效果：★★★

美酒：意大利嘉琪亞阿斯蒂起泡酒

點評：這款葡萄酒產於意大利皮艾蒙特大區的ASTI，採用玫瑰香葡萄釀製而成的起泡葡萄酒具有宜人的白玫瑰花香以及似水果糖的氣息，口感微甜，酸甜適宜，氣泡細膩，酒精度不高，是一款很令人放鬆的酒。

海米西芹、鹽水煮栗子特點是清新、鹹香適宜。這一餐酒搭配效果可以說波瀾不驚。

第二、三道餐、酒：

佳餚：栗子扒白菜，搭配效果：★★★

芫爆散丹，搭配效果：★★★☆

美酒：中法莊園乾白2003

點評：中法莊園2003乾白葡萄酒採用50%的霞多麗、25%的威歐尼以及長相思、小忙森等葡萄釀製而成，香氣馥鬱，具有菠蘿、槐花等香氣，2003是個乾熱的年份，因此這款酒口感厚實，酸度不很突出，微微顯甜感，和諧。

栗子扒白菜味香適口，鮮鹹軟爛，更有栗子的香甜味；芫爆散丹味道鮮美，搭

▼ 德美

▲ 王小明

▲ 海米西芹

▲ 鹽水煮栗子

▲ 栗子扒白菜

▲ 芫爆散丹

配其中的芫荽（香菜）火候恰到好處，口感香甜清脆（據説這道菜有健脾胃之功效）。

　　酒與菜餡香甜、柔軟，搭配合理。

　　酒配餐既可能有驚喜的新發現，也可能觸發人們在遺憾中想象，醖釀下一次的完美，這就是葡萄酒配餐的神韻。

阿斯蒂

中法莊園乾白 2003

第四、五道餐、酒
佳餚：糟溜魚片，搭配效果：★★★★
油燜大蝦，搭配效果：★★☆
美酒：中法莊園馬瑟蘭乾紅2004
點評：糟溜魚片是一道賞心悦目的菜。魚片白如雪，糟汁鮮亮；糟香濃郁，鹹中帶甜，採用活殺的鱖魚，鮮嫩爽滑。主廚用香糟、黃酒、糖桂花、鹽等自己吊糟，這一點尤其難得。

　　油燜大蝦用的是4頭的野生大對蝦（每500克2對4只的對蝦），頭内有膏，背上有黃，鮮香酸甜；紅艷漂亮的外形，顯得格外富麗堂皇。

　　馬瑟蘭乾紅葡萄酒採用100%的馬瑟蘭單品種釀製而成，這是一個全新的葡萄品種，色澤亮麗的鮮紫紅色，經過短期橡木桶恰到好處地陳釀，具有香草、荔枝以及紅櫻桃香味，入口順滑如絲，回味甘美。這款酒搭配糟溜魚片無論在風味還是口感方面，都很和諧，紅酒配魚本是忌諱，可是這裏糟汁發揮了了不起的作用。搭配油燜大蝦在口感質地方面很好，但是，在回味上蝦汁的甜度，令人感覺酒收尾略嫌苦感。

第六、七道餐、酒：
佳餚：醬爆桃仁雞丁，搭配效果：
★★★★
香酥鴨，搭配效果：★★★★
美酒：中法莊園赤霞珠乾紅2004
點評：醬爆桃仁雞丁色澤紅亮，盤

▲ 馬瑟蘭乾紅 2004

▲ 糟溜魚片

▲ 油燜大蝦

無餘汁，醬香、核桃香醇厚濃重，鹹甜適中，雞丁滑嫩，桃仁酥脆，可以說雞肉滑嫩，桃仁香酥。

香酥鴨皮酥肉嫩，鴨皮油而不膩，鴨肉質地恰好，味道鮮香。

▲ 醬爆桃仁雞丁　　▲ 香酥鴨

中法莊園赤霞珠乾紅 2004

此款赤霞珠乾紅葡萄酒採用的是100%的赤霞珠單品種釀造，具有香草、黑醋栗香味，酒體輕盈，結構好，平衡協調。搭配香酥鴨是經典，而搭配醬爆桃仁雞丁更是傳神，相得益彰。

第八道餐、酒：
佳餚：太偉一品牛排
搭配效果：★ ★ ★ ★ ★
美酒：中法莊園乾紅 2003
點評：太偉一品牛排是一款主廚創製的中西合璧的菜餚。服務員當場切分、出骨。裝盤後的肉塊分3層：最上面是烤得略焦的肋排外側，上刷調味料，味稍重，有彈性，焦香；最下面是貼骨的筋膜，入口稍硬，越嚼越軟越有味，是最精彩的部分；中間的肉柔嫩細軟，粉紅色，內含肉汁，清淡，吃的是牛肉的原汁原味。

中法莊園 2003 乾紅採用赤霞珠、美

樂、品麗珠調配而成，風味與口感更加豐富；香氣似荔枝及黑莓，口感厚重，結構好，平衡而協調，微微凝重的收尾，搭配這道牛排可謂絕配。

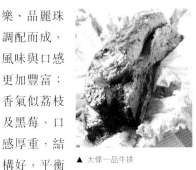

▲ 太偉一品牛排

中法莊園乾紅 2003

烤牛肉配結構強而厚重的紅葡萄酒永遠不會令人失望。

甜點、酒：
佳餚：凍磨盤柿
美酒：法國蒙巴扎克甜白葡萄酒（Monbazillac）
搭配效果：★ ★ ★ ☆
點評：這款葡萄酒產於法國西南部地區，採用瓊瑤漿葡萄釀製而成，微微有貴腐葡萄酒的氣息；色澤淺金黃，酸甜相宜。

蒙巴扎克甜白

磨盤柿子入眼不似入口那麼美妙，二者口感方面比較匹配。

餐後：
普洱茶
葡萄酒配餐之後品飲普洱茶的美妙是德美的新發現，也曾廣為傳播，尤其是進食甜點搭配貴腐葡萄酒後最佳。但是，這次的普洱茶有些喧賓奪主，令人忘卻了那款甜酒，或許來一杯觀音王足已。

酒配餐既可能有驚喜的新發現，也可能觸發我們在遺憾中想
象，醞釀下一次的完美，這就是葡萄酒配餐的神韻。

Chapter 8

葡萄酒產區

「新」不完全表示「先進」，「舊」更不代表「過時」或者「落後」，新、舊世界的區分，只是為了交流的方便而確定的一種文字對仗，似乎在中文裏用「老世界」與「新世界」更為公平、貼合現實。

葡萄酒世界的「新」「舊」之分

舊世界早已形成豐厚的文化，技術的積澱惠及今天全世界的葡萄酒從業者，他們對當地傳統的品種、栽培方式、釀造工藝以及產品風格特點進行限定，目的就是「傳承」。

新世界國度由於沒有傳統的制約，生產者也就具有更廣泛的發揮空間，新技術更容易被接受，沒有很多限制。你可以看到葡萄酒舊世界的品種、種植方式以及釀酒技術在新世界群星薈萃、百家爭鳴的局面。

葡萄酒的世界，通常分為舊世界與新世界。所謂葡萄酒的新世界，是包括美國、澳大利亞、智利、新西蘭、南非、阿根廷、加拿大等新興的生產葡萄酒的國家。這些國家的葡萄酒生產和消費的歷史並不是很長，葡萄酒的生產與消費是伴隨着歐洲殖民擴張而產生和發展起來的。而葡萄酒的舊世界，指的是包括歐洲的葡萄酒生產國，如法國、意大利、西班牙、德國、葡萄牙、奧地利、匈牙利等傳統的葡萄酒生產的國家，這些國家的葡萄酒生產與消費具有悠久的歷史和傳統，長久以來，各地形成了適應當地自然條件的獨具特色的葡萄酒。

舊世界

在葡萄酒的舊世界國家裏，從國家與行業的層面，早已形成了豐厚的文化與技術的積澱，這些積澱足以惠及今天全世界的所有葡萄酒從業者。影響最為廣泛的當數在法國最早形成的 AOC 體系（限制原產地命名體系）。這是對千年以來種植葡萄與釀造葡萄酒的經驗總結，對當地傳統的品種、栽培方式、釀造工藝以及產品風格

▲ 法國香檳地區葡萄園防霜凍設施

特點進行限定，目的就是「傳承」。由於舊世界秉承着悠久的傳統，並因此形成了獨特的各地的葡萄酒產品，如：德國與奧地利的冰酒、波爾多索甸以及匈牙利的貴腐酒、西班牙的雪利酒等，這些風格獨特、工藝悠久的佳釀帶給人豐富的享受，同時讓人們有機會去品味歷史、感受文化，這是所有鐘愛葡萄酒的人士之幸。

新世界

葡萄酒的新世界國家，大都具有類似的發展歷史：葡萄酒的生產主要是伴隨着歐洲國家在其他各大洲的殖民擴張而產生的，歐洲移民在改造這些新的環境之時，也把自己熟悉的傳統文化嫁接到這些新的世界國家。種植葡萄、釀造葡萄酒在葡萄酒的新世界國家中不過200年上下的歷史，但在這裏，舊世界的品種、種植方式、釀酒技術已是群星閃耀、百家爭鳴。

在葡萄酒的新世界國度，由於沒有傳統的制約，生產者也就具有更廣泛的發揮空間，現代工業的新技術在這裏很容易被接受。這裏通常沒有品種選擇的限制，葡萄園中可以進行人工灌溉，釀造的過程中可以採用一些模擬傳統技術效果的簡易手法。如同當地文化的成型與發展一樣，由於沒有歷史與傳統的束縛，只要符合當前人們價值觀的，就會很快獲得廣泛認同，並得以發展。

葡萄酒的生產，是以「像」某個舊世界的風格，或者以消費者的口味趨向為目標，葡萄酒在很大程度上首先是一種商品。由於採用工業化技術以及較少的限制，葡萄酒的生產更像是個人（企業）行

為，新世界的葡萄酒往往具有成本優勢，這又何嘗不是鍾愛葡萄酒的人的福音呢？

儘管人們習慣於這樣區分葡萄酒的「新世界」與「舊世界」，但是，更多時候，很難以將二者完全區分開來。當消費的目的只是為了飲用一種可以配餐的酒精飲料的時候，顯然舊世界的葡萄酒（當然不是全部的葡萄酒都這樣）承載的內涵過於沉重，但是，當葡萄酒作為一個話題的時候，消費者都期望葡萄酒的內涵更為豐富。這也是新舊世界葡萄酒並存的價值所在。

「新」不完全表示「先進」，「舊」更不代表「過時」或者「落後」，新舊世界的區分，只是為了交流的方便而確定的一種文字對仗，似乎在中文裏用「老世界」與「新世界」更為公平、貼合現實。

▲ 葡萄牙杜羅河谷葡萄園

葡萄酒的舊世界

法國

法國葡萄酒產量居世界第二位，葡萄園種植面積居世界第二位，但是，葡萄酒的產值一直居於世界第一位。這些驕人的數據，使法國葡萄酒享譽世界。

法國葡萄酒起源於公元 1 世紀，最初，葡萄種植在法國南部隆河谷，2 世紀時到達波爾多地區。儘管法國葡萄酒的歷史不是世界上最久的，但是，經過千年的連續不間斷地努力，法國葡萄酒在葡萄酒世界中享有極高的聲譽，成為世界葡萄酒的標杆。

法國擁有得天獨厚的溫帶氣候，有利於葡萄生長，不同地區的氣候和土壤也不盡相同，不同產區的葡萄酒有不同的品質和口味。因此儘管法國的葡萄品種也不是世界上種類最多，但是，法國葡萄酒的種類卻是極為豐富。

法國擁有一套嚴格和完善的葡萄酒分級與品質管理體系。葡萄酒被劃分為四個等級：法定產區餐酒（AOC）、優良地區餐酒（VDQS）、地區餐酒（VDP）和日常餐酒（VDT）。自 2012 年起，法國葡萄酒分級執行新的標準。新標準包括三個級別，分別是：AOP（Appelation d'Origine Protégée）主要由原來的 AOC 及部分 VDQS 組成，IGP（Indication Gographique Protge）主要由原來的 VDP 及部分 VDQS 組成，VDF（Vin de France）主要由原來的 VDT 組成，但是允許在酒標上標注年份及葡萄品種。法國「產地命名監督機構（INAO）」對於酒的來源和質量類型為消費者提供了可靠的保證。

法國葡萄酒各個產區風格鮮明，是絕好的葡萄酒教材，通常劃分為以下幾個葡萄酒產區：

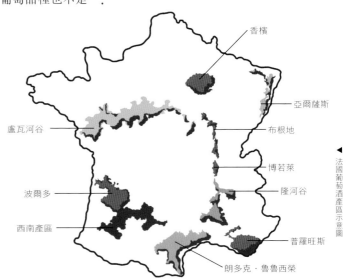

香檳

亞爾薩斯

盧瓦河谷

布根地

博若萊

波爾多

隆河谷

西南產區

普羅旺斯

朗多克·魯魯西榮

法國葡萄酒產區示意圖

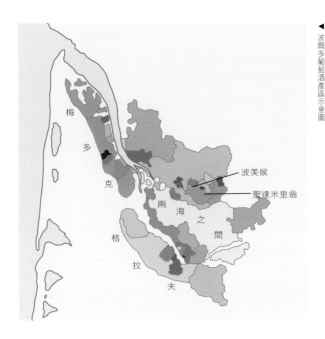

梅
多
克
兩
海
之
間
格
拉
夫

波美候

聖達米里翁

波爾多

波爾多地區，13000個種植者(酒莊或葡萄園)，經營着11.3萬公頃的葡萄園，分為57個獨立的AOC；每年生產出85億瓶葡萄酒，全部為AOC酒，(限制原產地命名葡萄酒)佔全法國同類酒產量的1/4，大約1/5的波爾多人口依賴於葡萄酒這一產業生活與發展。

公元1世紀受羅馬文化影響，波爾多城市開始發展，為了抵禦外來侵略，當時波爾多建有四方的城牆，並在城市周圍開始種植葡萄，但並不廣泛為外界所知。

波爾多及其葡萄酒的成名，是與阿基坦公主(Alienor d'Aquitaine)分不開的。她改嫁諾曼底公爵後，諾曼底公爵成為英國國王，阿基坦公主將家鄉特產葡萄酒介紹

給英國貴族，葡萄酒成為地位與身份的象徵，喝葡萄酒成了親近王室的途徑之一。

18、19世紀隨着葡萄酒貿易的發展，波爾多城市發展進入黃金時代，葡萄與葡萄酒開始在經濟中佔據重要地位。這一時期，葡萄酒的生產獲得空前的發展。尤其是1855年的第一次葡萄酒評級以及1857年路易·巴斯德發現酒精發酵原理等，以及巴斯德的助手創建的波爾多葡萄酒學

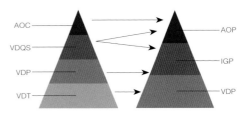

AOC
VDQS
VDP
VDT

AOP
IGP
VDP

▲ 法國葡萄酒分級（左）與新標準

院，都極大地推動葡萄酒生產的發展。

① 自然條件

在波爾多幾乎沒有冬季，所謂冬季，也很少有結冰的日子，更不用説下雪，賞雪也就成為一種奢侈。習慣上我們把波爾多分為：左岸、右岸、格拉夫以及兩海之間。

A. 左岸

左岸是指吉侖特河(Girond)與加龍河(Garone)的左岸，被市區分割為上——梅多克地區(Medoc)、下——格拉夫(Grave)兩個部分。

這裏，土壤中佈滿了白色的(或者淺色的)鵝卵石。鵝卵石增加了土壤的通透性，為葡萄根系提供了更多的空氣，還避免根系受水澇之災。白色的鵝卵石在陽光下又具有反光作用，提高樹體葉片受光量，且白天吸收光熱(比土壤具有更強大的儲熱能力)，夜間緩慢釋放熱量。同樣的品種，左岸早於右岸採收的原因之一，就是這些鵝卵石。位於靠近市區的侯伯王酒莊(Chateau Haut Brion)常常首先開始採收。

這樣的河道沖積沙土相當貧瘠，不適合於種植糧食作物，但葡萄樹在這種貧瘠的土壤中，反而孕育出高質量的果實。

B. 右岸

習慣上右岸包括波美侯(Pomerol)、聖達米裏翁(St Emilion)，這裏的土壤顏色比左岸更深一些，偏黑色，礫石的含量明顯少，土壤相對黏重。但是這裏多山丘，土層並不深厚，深層土壤是石灰岩。

▼ 柏圖斯酒莊

右岸的酒莊通常規模較小，再加上地形複雜、微氣候多變，此地（尤其是波美侯）的葡萄酒是葡萄酒投資人追捧的重要目標。

C. 兩海之間

所謂兩海之間，指加龍河、多爾多涅河之間。

兩海之間的土壤相對肥沃，由於可以種植糧食作物，歷史上（在梅多克開始種植葡萄之前）曾經是相對富足的地區，在看到自己周邊的「窮兄弟」搖身一變，超越了自己後，兩海之間的地主也不甘落後，開始種植葡萄、釀造葡萄酒。

這裏地勢相對平坦，土質主要為石灰岩，氣候相對冷涼，是出產乾白葡萄酒的重要產區。

② 葡萄品種

波爾多出產的葡萄酒全部都是AOC級別，因此，葡萄品種都是法定的傳統品種，也是新世界追捧的「貴族」品種。主要包括赤霞珠、美樂、品麗珠、小味兒多、馬爾貝克和佳美娜等紅葡萄，以及長相思、賽美容和蜜斯卡戴爾等白葡萄。但是，隨着土壤、氣候的改變，同樣的品種所生產的葡萄酒質量也就存在差異。

③ 名莊名酒

提到波爾多的酒莊，首先想到的是八大頂級酒莊，這些酒莊由於歷史分級，尤其是其出產的葡萄酒廣受推崇而一直高高在上。

A. 柏圖斯（Chateau Petrvs）

柏圖斯酒莊有時也被譯作柏翠酒莊，是波爾多酒莊中的「無冕之王」——在波爾多諸多的酒莊分級列表中，都不見其身影，但是，柏圖斯卻是消費者最為推崇的波爾多酒莊，其出產的葡萄酒價格也高高在上。酒莊位於右岸的波美侯，擁有11.4公頃葡萄園，主要種植美樂（95%），有少量品麗珠。柏圖斯酒莊每年出產葡萄酒25000~30000瓶。

▼ 柏圖斯酒標

Tips
_____

在這些頂級酒莊中，拉圖是唯一沒用真正意義上的「城堡」的酒莊，其形象標誌的「塔」（latour，法語意為'塔'）其實是路易十三時期建造的一個信鴿塔，原塔早已毀於戰火。

B. 拉菲酒莊（Chateau Lafite Rothschild）

　　拉菲酒莊位於波爾多左岸的波雅克村。作為1855年分級的一級酒莊，拉菲酒莊一直不溫不火。進入21世紀後，得益於中國市場的追捧，其價格一路飆升，一酒難求已是司空見慣，不僅如此，DBR（Domaine de Baron Rothschild）集團出產的其他葡萄酒，也被冠以「某某拉菲」而受熱捧，可謂愛屋及烏。通常拉菲酒莊正牌被稱為「Chateau lafite Rothschild（大拉菲）」，而副牌被稱為「Carruades de lafite（小拉菲）」。

　　拉菲酒莊擁有107公頃葡萄園，主要種植赤霞珠（70%）美樂（25%）品麗珠（3%）以及小味兒多（2%）等品種，每年出產葡萄酒210000瓶。

　　另外，同屬於DBR集團的波爾多酒莊還有杜哈米雍（Chateau Duhart-Milon）、萊斯古堡（Chateau Rieussec）、樂王吉爾古堡（Chateau l'Evangile）卡瑟天堂古堡（Chateau Paradis Casseuil）岩石古堡（Chateau Peyrs le bade）奧希耶古堡

拉菲酒莊及酒標

（Chateau d'Aussiere）以及在智利投資的華詩歌（Vina Los Vascos）在阿根廷投資的卡羅（Bodegas Caro）和在中國與山東中信集團合作的酒莊。另外，除了上述酒莊酒，DBR 在波爾多還出產拉菲傳奇（Legende）、拉菲傳說（Saga）、拉菲珍藏（Reserve Speciale）等品牌葡萄酒。這些品牌有時被稱為「某某拉菲」。

C. 拉圖酒莊（Chateau Latour）

波爾多葡萄酒自從有了酒莊級別之後很長一段時間，拉圖葡萄酒以其雄渾強勁、單寧豐富、耐久儲藏而著稱，因其超凡的陳年潛力成為投資客一直追捧的對

▼ 拉圖酒莊

▼ 拉圖酒標

象，在20世紀的葡萄酒拍賣市場中，其價格一直處於領先地位。

拉圖酒莊位於波雅克村，擁有80公頃葡萄園，主要種植赤霞珠（75%）、美樂（23%）、品麗珠（1%）和小味兒多（1%），每年出產葡萄酒175000瓶。

D. 瑪歌酒莊（Chateau Margaux）

瑪歌酒莊是唯一與產區同名的酒莊。作為波爾多歷史悠久的酒莊之一，瑪歌酒莊幾經沉浮，今天人們看到其優異的品質以及品牌形象的提升，主要得益於在近三十多年時間裏現任莊主及管理團隊的不懈努力。

瑪歌酒莊及酒標

瑪歌酒莊出產的葡萄酒一直以優雅細膩見長,與管理團隊的謙卑態度完美吻合。

瑪歌酒莊在瑪歌產區擁有80公頃葡萄園,主要種植赤霞珠(75%)、美樂(20%)、品麗珠和小味兒多(5%),每年出產200000瓶葡萄酒。

在梅多克的一級酒莊中,瑪歌酒莊是唯一出產白葡萄酒的酒莊——酒莊擁有11公頃長相思葡萄,出產「波爾多」(而不似紅酒的「瑪歌」)級別乾白葡萄酒。

E. 伯侯王(Chateau Haut Brion)

該酒莊位於距離波爾多最近的格拉夫產區,先前曾被譯作「奧比昂」、「紅顏容」,是在61個1855分級酒莊中唯一來自梅多克產區以外的葡萄酒。

侯伯王是波爾多「酒莊」名號的發源地,也是出口英國的第一款法國酒。由於臨近城市,再加上土地朝陽,這裏的葡萄成熟比其他酒莊偏早。

該酒莊擁有48.35公頃葡萄園,是一級酒莊中規模最小的酒莊,主要種植赤霞珠(45.4%)、美樂(43.9%)、品麗珠(9.7%)和小味兒多(1%)。每年出產132000瓶葡萄酒。

伯侯王酒莊和酒標

F. 穆棟酒莊（Chateau Mouton Rothschild）

也被譯作「穆東」、「武當」、「木桐」，是1855分級酒莊中至今唯一一個升級的酒莊——該酒莊1855年分級位列二級，由於其卓越的貢獻，1973年被獲準升為一級酒莊，莊主「不屑第二」的理想終於得以實現。

穆棟酒莊首開先河，決定所有出產的酒都進行酒莊裝瓶，並在酒標上加以標示，這一做法已被採納為當地的行業法律條款，保護了波爾多葡萄酒的聲譽。

穆棟酒莊自1945年開始，請藝術家每年為其設計獨特的酒標，設計者中不乏畢加索等世界頂級藝術大師，對於收藏投資來說，極大地提升了葡萄酒的價值，其中1996年、2008年酒標分別是華人顧蓋和徐累所作。

穆棟酒莊在波雅克村擁有84公頃葡萄園，主要種植赤霞珠（83%）美樂（11%）品麗珠（5%）和小味兒多（1%），每年出產葡萄酒300000瓶。

G. 奧松酒莊（Chateaux Ausone）

奧松酒莊是右岸聖愛米利翁產區兩大名莊之一，在1954年右岸首次分級中

▼ 穆棟酒標及酒窖

位列頂級酒莊A，可比左岸的一級酒莊。奧松酒莊在波爾多頂級酒莊中規模最小，僅有7公頃葡萄園，但是由於奧松葡萄酒品質優越而備受投資者與消費者熱捧。該酒莊主要種植美樂（50%）和品麗珠（50%），每年出產葡萄酒20000~23000瓶。

▲ 奧松酒莊

H. 白馬酒莊（Chateaux Cheval Blanc）

白馬酒莊是右岸聖愛米利翁產區兩大名莊之一，在1954年右岸首次分級中位列頂級酒莊A，可比左岸的一級酒莊。由於酒莊名稱易於傳頌，又加上目前被LVHM（路易威登•酩悅）董事局主席收購，因此在中國獲得關注度很高。白馬酒莊出產的葡萄酒由於使用了很高比例的品麗珠，其香氣與口感都獨樹一幟。

白馬酒莊擁有37公頃葡萄園，主要種植品麗珠（58%）和美樂（42%）。

▲ 白馬酒莊和酒

175

I. 伊甘酒莊（Chateau d'Yquem）

亦被譯作「滴金」酒莊，1855年索甸/巴薩克分級位列特一級酒莊，可與波爾多「五大」酒莊比肩。伊甘酒莊主要出產「貴腐甜白」葡萄酒，也出產少量乾型的白葡萄酒。貴腐葡萄酒具有超凡的陳年能力，由於生產條件苛刻、產量極低，其價格甚至超過五大名莊。

伊甘酒莊在索甸村擁有86公頃葡萄園，主要種植賽美容（80%）和長相思（20%）正常年份每年出產葡萄酒10000瓶。

伊甘城堡及酒標

布根地

不同於波爾多葡萄酒的按照酒莊進行分級，在布根地分級是按照葡萄園來劃分。通常，當地葡萄園劃分為四個等級，最低是普通地區級（即 AOC Bourgogne），其葡萄園基本上分佈在山腳最下端，也就是74號國道東側。其上是分佈於相對高的山坡上的村莊級（AOC Village）。再高一級是位於山坡的半山腰偏下以及偏上部分的一等葡萄（Premiers crus）。最高等級的是位於半山腰中間部分的特等葡萄園（Grand cru）。而在山頂上，由於海拔、土層厚度等造成微土壤和氣候已經不適合種植葡萄，所以多保留有森林。

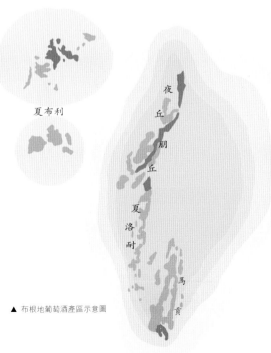

夏布利

夜丘

朋丘

夏洛耐

馬貢

▲ 布根地葡萄酒產區示意圖

▼ 布根地葡萄園分佈示意圖

標準級及一級AOC
特級AOC
村莊級及一級AOC
村莊級AOC
地區級AOC

石灰岩

葡萄酒之路
國道

布根地產區寸土寸金，狹窄的道路中需專設錯車位

布根地葡萄園坡度大，
需疊牆防止水土流失和用特殊機械作業

▲ 布根地沃橋修道院裏的雕像

▲ 布根地產區

在該地區，複雜費解的葡萄園分級制度給葡萄酒的銷售帶來很大影響。儘管釀造紅葡萄酒的品種只有黑皮諾（Pinot Noir，特殊地區使用佳美，如布根地南部的博若萊產區），但是，有時候同一個酒莊採用完全相同的工藝所釀造的葡萄酒，由於葡萄來自不同的葡萄園，葡萄酒的價格可能是3~5歐元與100~200歐元的天壤之別！

① 自然條件

布根地是個寒冷的大陸地區，離地中海和大西洋都很遠，冬天非常寒冷。然而人們從中世紀起就開始種植最適合在這裏生長的葡萄品種——黑皮諾和霞多麗。儘管是北方氣候，布根地不受乾燥寒冷北風的侵襲，夏季和秋季接受充足的陽光照射，使黑皮諾和霞多麗能夠在這裏生長良好。

布根地葡萄園幅員遼闊，土壤分為三種類型，第一種是北方的夏布利，位於以沉積岩、石灰質為主的山嶺上，地處巴黎盆地邊緣；第二種是產區中間地帶的夜丘地區和伯恩地區的土壤，50公里狹長山坡地，石灰質土壤中混着石塊。第三種是南部的夏龍區和馬孔區，土地為黏土、石灰質，土層更深厚，這裏略微能感受到來自地中海的影響。

▼羅馬尼—康帝酒莊的葡萄園

② 主要葡萄酒品種

布根地地區主要的葡萄品種有：霞多麗，阿裏高特，布根地香瓜，黑皮諾以及佳美。

③ 名莊名酒

布根地出產葡萄酒通常被成為「葡萄酒之王」，備受葡萄酒發燒友們推崇，不僅僅是因為其酒質超凡，更是因為這裏出產的酒種類與品牌繁多，規模小，商業化程度低，因此難於搞懂，不是一般消費者敢於染指。而真正喜愛者往往不惜重金購買，再加上這裏釀造葡萄酒如同苦行僧般的艱辛——處在釀造紅葡萄酒的邊緣地區，僅有黑皮諾一個品種，愛好者們這種推崇，也是出於對釀酒人的敬慕。

A. 羅馬尼 - 康帝酒莊（Domaine de La Romanee-Conti）

羅馬尼 - 康帝酒莊（DRC）是擁有1500多年歷史的布根地酒莊，是葡萄酒愛好者心中至高無上的「酒莊皇帝」。很多人視品鑒康帝美酒如同朝聖，每年有大量的遊客在其葡萄園前駐足拍照，以至於葡萄園內要設立「勿進入園內，勿採集園內土石」的警示。

康帝酒莊擁有8塊特級葡萄園：康帝（La Romanee-Conti）1.8140公頃，李奇堡（Richebourg）3.5110公頃，拉 - 塔琦（La Tache）6.0620公頃，羅曼尼 - 聖 - 威望（Romanee-Saint-Vivant）5.2858公頃，依謝索（Echezeaux）4.6737公頃，大依謝索（Grands-Echezeaux）3.5263公頃；蒙塔榭（Le Montrachet）（0.6759公頃）出產6紅1白葡萄酒；2008年租用位於阿勞克斯 - 高棟

B. 不能忽略的其他波艮第酒莊和名酒

酒莊原名	中文名（作者譯）	代表性產品所屬產區（AOC）	名酒標誌
Domaine Leroy	勒樺酒莊	墨香（Musigny），李其堡（Richebourg），羅曼尼-聖-威望（Romanee-saint-Vivant），香貝田（Chambertin），克勞-沃橋（Clos de Vougeot）等	
Domaine Henri Jayer	亨利-賈伊爾酒莊	沃尼-羅曼尼 克洛斯-帕蘭圖（Vosne-Romanee Cros-Parantoux），依謝索（Echezeaux），夜-聖-喬治（Nuit-Saint-Goerges），里斯-墨傑（Les Meurgers）等	
Domaine Emmanuel Rouget	艾曼紐爾-胡傑酒莊	依謝索（Echezeaux），沃尼-羅曼尼（Vosne-Romanee）	
Domaine Armand Rousseau	阿芒-胡梭酒莊	香貝田（Chambertin），吉沃香貝田（Gevrey Chambertin），莫雷聖德尼斯（Morey St Denis）	
Domaine Georges Roumier	喬治-胡米爾酒莊	高棟-謝瑪涅（Corton Charlemagne），墨香（Musigny），香波-墨香（Chambolle Musigny），寶瑪赫（Bornne Mares）	
Domaine Bernard Dugat-Py	柏赫納-杜加特-貝酒莊	香貝田（Chambertin），瑪茲香貝田（Mazis Chambertin），夏美香貝田（Charmes Chambertin），瑪早葉赫香貝田（Mazoyeres Chambertin）	
Domaine Leflaive	樂富來威酒莊	蒙塔樹（le Montrachet）	

Tips

布根地規模較大的酒商

原名	Maison Louis Latour	Maison Louis Jadot	Bouchard Pere & Fils	Bouchard Aine & Fils	Maison Joseph Drouhin
中文名（作者譯*）	路易樂圖	亞都世家	寶尚父子	老布夏	約瑟夫杜魯安
標誌					

（Aloxe Corton）的特級葡萄園的2.2746公頃。

羅馬尼－康帝酒莊在布根地乃至全世界無人能望其項背。在當地還有其他名氣很大的小酒莊以及規模較大的酒商，這些精品小酒莊名氣很大，但是往往由於規模很小，他們的產品可遇而不可求；大酒商雖然由於規模較大而受到這些小酒莊的詬病，但是，規模大對於消費者卻不是件壞事，是能夠找來一品的。

香檳

香檳地區受到北風和西伯利亞反氣旋的影響，年平均溫度為10.5℃，屬於寒冷的土地。葡萄園多建立在該地區最溫暖的地帶，受到北風影響最小。幾個世紀以來，當地的葡萄種植者馴服了這片嚴酷的石灰地，認真而頑強地種植着葡萄，釀造着全世界的歡慶用酒。

「香檳」已經成為了特定起泡酒的專用稱謂，出產於其他地區的起泡酒，儘管也標榜採用香檳法釀造，但不能使用「香檳」的稱號。

① 自然條件

香檳區的氣候是法國所有葡萄種植區最嚴寒的區域，位於法國葡萄種植的北界。春天葡萄萌芽時會面臨霜凍的風險，萌芽到開花的四月底五月初，在葡萄園裏放置加熱裝置以防止夜間霜凍的情形並不罕見，夏季儘管溫暖但是很短暫。

葡萄園的土壤主要是白堊土，貧瘠的土壤，寒冷的氣候，向陽的坡地是這裏的優等葡萄園特點。石灰岩也給當地開鑿地下酒窖帶來了便利，以蘭斯、埃佩內為中心的香檳產區地下開鑿了數百公里的地下酒窖，這也是成就高品質香檳的自然條件之一。

② 主要葡萄品種

香檳地區主要葡萄品種包括霞多麗、

▲香檳葡萄酒產區示意圖

黑皮諾以及莫尼耶，後者由於對早春的寒冷抵抗能力較強，儘管名氣不如前二者高貴，但在一些地區仍然保留種植。

香檳通常採用多品種混合調配而成，更有無年份香檳採用多個年份的原酒調配而成。完全採用霞多麗釀造而成的香檳會標注有「Blanc de Blancs」，與此相對應的是完全採用黑皮諾或混有莫尼耶釀造的白香檳稱為「Blanc de Noirs」，桃紅香檳則是在白香檳中添加少量黑皮諾釀造的紅葡萄酒調配而成。

亞爾薩斯

亞爾薩斯位於法國東部偏北，該產區位於三國交匯地區的喧鬧之外，更像個世外桃源。葡萄園包圍着紅瓦房、尖頂教堂的小村莊是這裏的風光特點。歷史上法國和德國的輪流統治使當地的語言、文化傳統甚至出產的葡萄酒都有雙重性。

該產區的葡萄酒是法國唯一可以將葡萄酒以葡萄品種名稱命名的AOC酒。亞爾薩斯也是法國最為重要的白葡萄酒產區，這裏出產佔法國總產量1/5的白葡萄酒。

① 自然條件

亞爾薩斯葡萄園處於萊茵河沖積層的邊緣——孚日斷層處。這裏的土壤分為三種類型：第一種分佈在高而最陡的地方，花崗岩沙石土壤，透氣性好，酸度高，分佈有一些特級酒莊，其風土個性特別突出。第二種是由石灰質和泥灰質的山嶺構成，排水性好，是亞爾薩斯葡萄產地的中心區土壤。第三種是由高地的沖積層梯田構成，土壤中多卵石，沙子和沙礫。

這裏夏季氣溫會超過30℃，陽光照射也高於全國平均水平。因為孚日高地保護了萊茵河谷不受西部大西洋的影響，使得這裏相對乾燥，上午陽光充沛，能持續到晚秋，有利於葡萄的過熟和灰黴菌產生，而這是正是生產「遲採收」、「粒選」甜葡萄酒所必需的條件。

▲亞爾薩斯葡萄酒產區示意圖

斯特拉斯堡

德

國

科爾馬

瑞　士

▼ 亞爾薩斯風情

② **主要葡萄品種**

主要品種包括：雷司令、瓊瑤漿、灰皮諾、霞多麗、白皮諾、白玫瑰香、西萬尼以及黑皮諾。

隆河谷

隆河（Rhone，法語音譯為隆河，英語音譯為羅訥河）從日內瓦湖穿過阿爾卑斯山區，在里昂（Lyon）與索恩（Saone）河匯合而南下注入地中海。一般所稱隆河谷產區，指的是從北部與里昂毗鄰的維埃納（Vienne）向南至尼姆（Nme）之間的地區，包括六個省的8萬公頃葡萄園，年出產5億瓶葡萄酒，無論葡萄園面積還是產量都居法國第二。

① **自然條件**

隆河谷南北以蒙特利馬爾（Monfe-limar）分界，屬地中海氣候，陽光充足，氣候溫和乾燥，但不穩定，暴雨和乾旱較頻繁出現，如1924年，2米深的洪水淹沒奧朗日城（Orange），2002年9月初，奧朗日地區在36小時內連續降雨480毫米，造成大量葡萄園絕產。

這裏以緩和山坡地和隆河沖積平地為主，大部分為石灰岩土質，葡萄園佈滿了鵝卵石，很多地塊表面難得見到沙或土。

② **主要葡萄品種**

該地區的主要葡萄品種包括：西拉、歌海娜、穆德懷特、神索、小白玫瑰、威歐尼、馬爾薩、胡桑以及白歌海娜等。

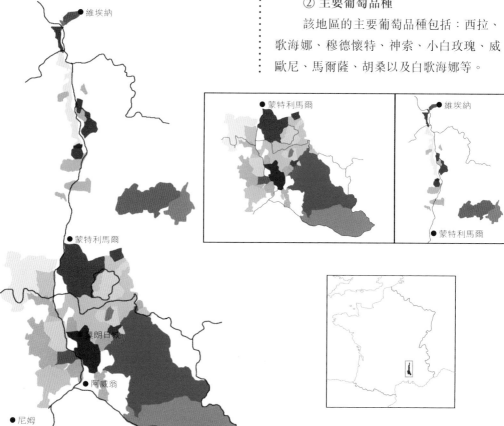

▲ 隆河谷葡萄酒產區示意圖

盧瓦河谷

　　盧瓦河谷是世界著名的城堡河谷，有歷代國王留下的幾百個古堡。盧瓦河是法國最長的河流，有1000公里長，葡萄園離河岸都不太遠。出產於這裏的葡萄酒種類豐富，有乾型、半乾型、甜型、起泡酒。白、紅以及桃紅的三種顏色的葡萄酒都有，是法國著名的優質葡萄酒產區。

① 自然條件

　　盧瓦河谷因氣候溫和而出名，冬季溫和，大西洋低氣壓帶來降雨和潮濕。夏季熱但從不過熱，由於盧瓦河位於葡萄種植區的北界，因而日照較少，潮濕度普遍偏高。

　　盧瓦河產區的最西端——南特（Nantes）周邊的葡萄園主要是花崗岩土壤、片岩和片麻岩土壤。安茹（Anjou）西部以片岩為主，東部則是石灰質土。在圖爾（Tour），土壤更具多樣性，有沖積層、黏土、黏土-石灰質和沙質幾種成分；東部的桑塞爾（Sancerre）附近，土壤主要是石灰質以及一些沙質或沙礫質梯田。土壤的多樣性造就了該地區葡萄酒的豐富多樣性。

② 主要葡萄品種

　　種植在這個地區的葡萄品種主要有：赤霞珠、品麗珠、佳美、黑皮諾、果若、霞多麗、白詩南、布根地香瓜以及長相思。

朗多克·魯西榮

　　朗多克•魯西榮是世界上最大的葡萄酒產區，從隆河一直到西班牙邊境，是澳大利亞葡萄產區面積的5倍，最早羅馬人在這裏開始葡萄種植。這裏地理和地質的多樣性造就了獨一無二的風土條件，出產許多獨特的葡萄酒。在20世紀70年代嚴重的葡萄酒危機時，該葡萄產區經過徹底

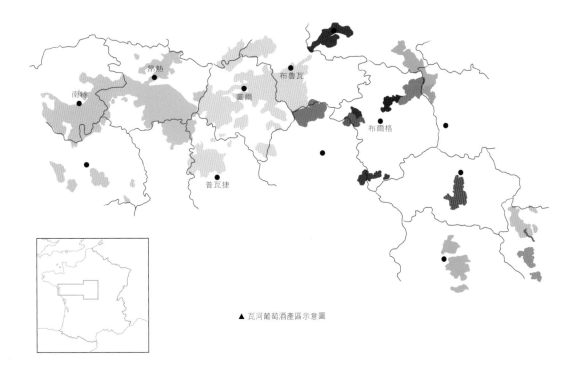

▲ 瓦河葡萄酒產區示意圖

的改造，種上了新的高貴品種。30年後，該產區在世界葡萄酒市場上脫穎而出，出口方面獲得巨大成功，成為法國一個新的葡萄酒產區。

① 自然條件

在中央高地和地中海之間，朗多克•魯西榮好像一個巨大的梯形廣場。受到地中海氣候的影響，這裏冬季乾燥、風多、風大、陽光充足，春季和秋季收穫後多雨。

此地的土地坎坷不平，兼有黏土-沙質土的梯田和片岩高地，也有鵝卵石和石灰岩。在多樣化的土壤生長的葡萄釀造的葡萄酒風格大不相同：通常香氣濃郁，具有辛辣、香草氣息。

② 主要葡萄品種

朗多克是法國單品種葡萄酒的最大產區，主要品種除了世界知名的赤霞珠、美樂、霞多麗以及長相思等，還有西拉、佳利釀、慕合懷特、歌海娜、神索、維歐尼、白詩南、莫札克等。

博若萊

每年11月的第3個周四，全球葡萄酒消費者同慶新酒節，就是為了出產於這裏的葡萄酒，這也是法國唯一可以在釀造當年上市的AOC級別葡萄酒。

博若萊（Beaujoiais，有時也稱為保祖利、寶如萊）產區的風景看上去像一張理想中的法國鄉村明信片：一串輪廓分明的

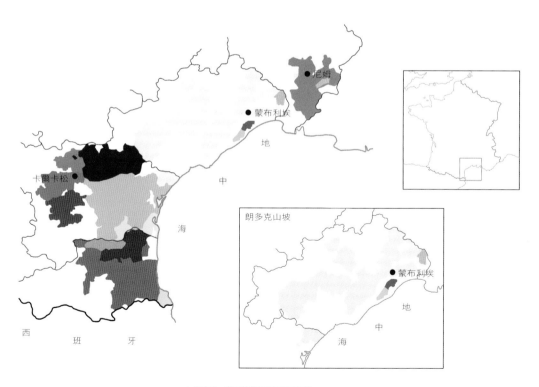

▲ 朗多克•魯西榮葡萄酒產區示意圖

美麗山嶺，以覆蓋着森林的陡峭山峰為界，東面遠處是索恩平原，在地平線上，可見阿爾卑斯山脈的一條白線和它的最高峰——博朗峰。當然博若萊絕不止這些，因為這裏的交接處氣候界於嚴寒和陽光之間，也出產葡萄美酒。

① 自然條件

博若萊地區位於法國最大的工業城市里昂的北方，屬於大陸性氣候，冬季乾燥寒冷，夏季炎熱。葡萄園依着山嶺向東面和南面，一直延伸到南部的的隆河谷。葡萄多分佈於向陽的梯田上，不受潮濕的西風影響。佳美在這溫和氣候中生長良好，收穫很早。

博若萊產區的96個鎮擁有21500公頃葡萄園，幾乎是布根地地區的葡萄園面積的一半。其中南部地區出產的博若萊（Beaujolais，1937年9月12日確立法律地位）以及中部地區的村莊博若萊（Beaujolais Village，1950年4月21日確立法律地位）為全部的「新酒」。而北部地區出產10個特級博若萊，特級博若萊不是前文所談論的「新酒」。

② 主要葡萄品種

博若萊地區的主要葡萄品種是佳美。

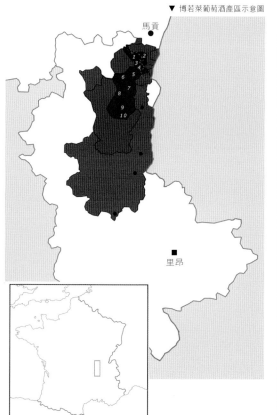

▼ 博若萊葡萄酒產區示意圖

馬貢

里昂

▼ 博若萊葡萄酒產區葡萄園

— 專題 10 —

關於博若萊新酒

● 何謂博若萊新酒

Beaujolais Nouvaux 中文譯為博若萊新酒,有時也簡稱「新酒」,是一種出產於法國布根地(Bourgogne)南部地區,採用佳美(Gamay)葡萄,應用特殊的二氧化碳浸漬發酵釀造而成的一種紅葡萄酒。有人認為博若萊新酒是一種普通百姓酒,沒有貴族氣息,因而,也就沒有興趣追捧。但是最近,西班牙研究人員通過研究發現:採用二氧化碳浸漬技術釀造的葡萄酒含有相對少的農藥殘留以及環境污染物,身為「貴族的葡萄酒愛好者」們應該沒有理由拒絕這樣一種更安全的葡萄酒。

● 新酒特點

新酒雖然歸類於紅酒,由於不帶皮發酵,酒的顏色通常較淺,正是由於果皮外表面不接觸果汁,所以,附着在果實外表面的農藥以及環境污染物殘留相對較少;由於進行果實內部生理發酵,賦予新酒更加清新的果香,具有明顯的紅櫻桃、香蕉的香味;酒體較輕,結構相對簡單,適合儘快飲用。

● 「博若萊新酒節」

在法國 19 世紀 30 年代中期,葡萄酒的控制原產命名法律體系(AOC)逐步建立,其中規定 AOC 葡萄酒在釀造當年的 12 月 15 日之後才能裝瓶上市。一方面,人們由於不能儘快品嘗到當年的新酒而遺憾。另外一方面,博若萊地區出產的酒,由於不適合長期存放,也需要儘快銷售、消費。因此,1951 年 11 月 13 日,法國第一次確定,博若萊新酒在 12 月 15 日前可以上市,並最終確定為每年的 11 月的第三個周四為「博若萊新酒節」。

此後,每年搶喝博若萊新酒成為風潮,並在歐洲傳播,商家更是推出各種促銷活動,使人們樂此不疲。20 世紀 80 年代中期開始,「博若萊新酒節」在歐美廣為傳播,並在日本等亞洲國家也逐漸佔據了一定市場。

普羅旺斯

普羅旺斯風景秀麗，終年有充足的陽光，夏天知了叫聲不絕於耳。人們經常在戶外活動，在露天咖啡館享受溫和的夜晚。有一連串美麗的旅遊勝地、海濱浴場，田園圖畫般的鄉村。這裏的田園風光是法國農村的典型，村莊四周有陽光滋潤的葡萄園圍繞，梵高、塞尚、馬蒂斯和畢加索喜歡在這裏小住，並不是一個偶然。普羅旺斯因其薰衣草田和桃紅葡萄酒而著名，兩者的產量都居世界之首，而普羅旺斯的紅、白葡萄酒一直被掩藏在桃紅葡萄酒的陰影裏。

① 自然條件

普羅旺斯因天空湛藍而聞名，強烈的密斯特拉風每年要刮長達150天，吹乾了空氣，吹走了雲層，給葡萄種植創造了一個良好的條件，使之遠離疾病。太陽照射一年大於3000小時，居全法國之首。葡萄產區從南阿爾卑斯山直到海邊，橫向從馬賽到意大利，具有多種多樣的風土條件。

在深藍大海上的懸崖梯田，風化的岩石以及石灰質、片岩和砂岩給予葡萄酒細膩與個性，葡萄品種與每個地區的小氣候以及地質條件相適應，被釀製成多樣的紅、白、桃紅葡萄酒。

② 主要葡萄品種

這裏出產的紅葡萄酒通常用歌海娜以及神索調配。目前在世界化大潮中，赤霞珠以及西拉在這個地區越來越多。白品種主要是古老的希臘品種布爾布蘭（Bourboulenc），因其晚熟，只能在法國南部種植，用於釀造年輕即飲的清淡型乾白

▲ 普羅旺斯鄉村

▲ 普羅旺斯薰衣草田

葡萄酒。白歌海娜、馬爾薩、威歐尼以及時髦的霞多麗、長相思、賽美容甚至白玉霓等這裏都有種植。

夏朗特

夏朗特產區位於盧瓦河與加龍河之間，由夏朗特和海濱夏朗特兩個省構成了這個世界聞名的干邑產區。和波爾多一樣，這裏是海洋性氣候，只是稍涼一些，該地區主要生產干邑以及皮諾香甜酒（未發酵果汁與白蘭地調配而成）和一些地區餐酒。

① 自然條件

這裏陽光照射充足，受來自加勒比海海灣流的影響（這個灣流的影響在夏天尤其明顯），使得葡萄生長繁茂，特別有利於葡萄的成熟。冬季溫和，沒有嚴重霜凍，白玉霓是該地區主要品種，這裏有其生長和成熟的良好條件。土壤是第二紀的白堊土土壤，通常葡萄園劃分為6個大區：大香檳、小香檳、博爾德里、優質林區、良質林區和普通林區。

② 主要葡萄品種

釀造干邑的主要葡萄品種包括：白玉霓、鴿籠白、白福爾，當地還種植赤霞珠等用以生產地區餐酒（VDP）。

科西嘉

古希臘時代以來，科西嘉被稱為美麗島。科西嘉擁有神奇的景色，在每個轉彎處風景各不相同。山峰的積雪到五月才開始融化，青藍色的水，白沙海灘，還有許多陡峭而堅不可破的海角小村莊。該島降水量和巴黎相仿，位於地中海中央，擁有

葡萄生長的理想條件。

1769年科西嘉才成為法國領土，在科西嘉人的靈魂中有着對其特殊身份的深厚依戀。葡萄酒也一樣，用在大陸找不到的、獨一無二品種的葡萄釀造，這也是重新發掘科西嘉的新理由。

① 自然條件

科西嘉位於地中海中央，法國本土和意大利之間，擁有獨特的氣候條件。每年陽光照射超過300天，冬天溫和。在這裏，葡萄成熟沒有任何問題。四周是地中海，科西嘉的氣候出乎常理，夜晚的海風吹散陽光的熱氣，夜間相當涼爽。此種氣候在葡萄酒中表現明顯：酒的酸度和口感飽滿性上相當平衡。

雖然早在16世紀熱那亞人就已經把葡萄帶到科西嘉，但此地的葡萄酒產業1957年之後才得到質的飛躍。除了地區法定產區外，還有兩個村莊級產區，這也是當地葡萄酒質量進步的證明。該產區最廣泛的土壤類型是花崗岩和片岩，土壤色深而貧瘠。而在北方靠近巴特裏摩尼歐的地方和最南端也有石灰質土壤。

② 主要葡萄品種

科西嘉地區的主要葡萄品種有韋爾芒提諾（Vermentino）、夏卡雷羅（Sciacarello）等。

汝拉-薩烏瓦

巴斯德對細菌的研究為現代葡萄酒工藝學做了不少貢獻，他就是在汝拉省首府薩烏瓦長大的。此地的葡萄園位於阿爾卑斯山腳下，海拔較高，卻享有適合葡萄種植的種種有利條件。有一些年份，大陸性氣候帶來漫長乾燥的秋季，葡萄糖分濃

縮，利於甜葡萄酒或利口酒的生產。汝拉黃葡萄酒更是這一地區代表，也是葡萄酒世界獨特的類型。

① 自然條件

雖然這裏冬天嚴寒，但夏天很熱，晚秋陽光充足。葡萄種植在在南邊和西南邊的山坡上，山坡傾斜度有利於接收更多的陽光。

在汝拉省，白葡萄種植在泥灰-石灰質土中，而紅葡萄則是生長在泥灰-黏土質土中。

② 主要葡萄品種

當地種植的葡萄品種主要有薩斯拉、霞多麗、薩瓦涅（Savagnin Blanc）以及佳美，當地特色的黃葡萄酒（一種產膜葡萄酒）以及麥稈葡萄酒就是採用薩瓦涅釀造而成。

西南產區

法國西南部產區是一個農業地區，產品多樣化。從聖讓德盧茲的金槍魚到朗德的鴨子，以及加龍河谷的水果，都令人羨慕。而葡萄酒產區，則是由幾個小型獨立葡萄產區聯合而成。長期以來，這些產區都處於其鄰居——波爾多的陰影中。法國西南部產區的各個地區不盡相同，如巴斯克地區（Basque）溫和多雨，卡奧爾地區（Caros）乾燥等。西南部產區生產不同系列的葡萄酒，有優質的利口酒，果味濃郁的白葡萄酒和沁人心脾的紅葡萄酒。

① 自然條件

這個產區氣候特點為大陸性及海洋性氣候，夏季炎熱，秋季溫和而陽光充足，冬季與春季涼爽多雨。秋季天氣特別好，

能夠用過於成熟和貴腐的葡萄來釀造利口酒，如朱朗松（Juranson）。這個地區氣候條件大體一致，土壤的多樣性對這個地區葡萄酒的多樣性貢獻很大。

② 主要葡萄品種

這個葡萄酒產區品種繁多，但是也有形成具有地域特色的品種，如小芒森、大芒森以及丹納特。

意大利

意大利的國土呈靴狀，從北邊山區到南端西西里島，緯度跨度大，又有調節氣候的自然屏障——山與海，使得各地氣候獨特多樣，造就了多樣而複雜的意大利葡萄酒，這也是一般人不敢染指意大利葡萄酒的原因之一。

一般認為，公元前2000年左右，腓尼基人從波斯來到現在意大利南部地區之時，這裏已經開始種植葡萄和釀造葡萄酒了，這是意大利人開始釀造葡萄酒的開端，並且葡萄酒已經作為商品廣泛地進行交易。

當時羅馬人亦開始使用木桶運輸、存儲和陳釀葡萄酒，並把葡萄酒隨着東征西戰的羅馬大軍販運到歐洲的各個角落。很矛盾的是，在現今商業社會中，葡萄酒歷

▲ 葡萄酒「加油站」

史文化的積澱卻對葡萄酒經濟的發展生成負面影響。過於複雜的歷史以及難懂的語言，都成為意大利葡萄酒推廣的障礙。儘管意大利葡萄酒產量很長時間處於世界第一的位置，但是，直到第二次世界大戰結束，意大利葡萄酒都很難在葡萄酒世界中與高品質、高貴聯繫起來。

如果説讓一個葡萄酒愛好者「選幾款意大利葡萄酒」，即使沒有預算的限制，恐怕也不是一件很容易的事，因為意大利葡萄酒種類繁多，歷史悠久，選幾款代表意大利的葡萄酒也就成了難以取捨的痛苦的事情。從品質、影響以及易得的角度來説，以下意大利葡萄酒是不容忽視的：

序號	原名	中文名（作者譯）	標誌
1	Antinori	安東尼世家	
2	Gaja	嘉雅	
3	Sassicaia	西施佳雅	
4	Bricco Rocche	巴里科 - 羅西	
5	Dal Forno Romano	達爾 - 佛諾 - 羅馬諾	
6	Biondi Santi	比昂迪 - 三帝	

▲ 意大利東北部葡萄園風光

意大利的20個省區都生產葡萄酒，通常按地理位置，意大利的葡萄酒產區被劃分為四個區域：東北部、西北部、中部以及南部和島嶼。

東北部地區

在意大利其他地區，紅葡萄酒處於主宰地位，而這裏由於受奧地利和斯洛文尼亞影響，主要出產意大利最重要的白葡萄酒。

東北部有三個大產區：威尼托（Veneto），弗留利 - 威尼斯朱利亞（Friuli-Venezia Giulia），特倫蒂諾 - 上阿迪傑（Trentino-Alto Adige），其中威尼托是意大利DOC等級酒產量最大的地區。該地區特色葡萄酒包括：白的弗留利諾托卡伊（Tocai Friulano），索阿維（soave）、灰皮諾以及阿瑪羅尼（Amarone）普洛塞克（Prosecco，是意大利專業生產起泡葡萄酒的產區，酒的名稱源自於葡萄名稱）。

西北部地區

西北部產區以皮埃蒙特（Piedmont）產區最為著名，是意大利葡萄酒愛好者關注的焦點。「Piedmont」意為「山腳」，皮埃

蒙特作為葡萄酒產區不僅歷史悠久。出自於該地區的諸多高品質葡萄酒更是令意大利人引以為豪。皮埃蒙特產區大部處於山區,這裏屬於大陸季風氣候區,冬季寒冷(但沒有中國北方寒冷),而夏季炎熱,秋季潮濕多陰雨,葡萄園大多位於光照較好的山坡。

意大利 2 個最著名的 DOCG 等級酒——巴巴瑞斯克(Barbaresco)和巴洛洛(Barolo)就在這裏,還有著名白酒產區 Gavi(DOCG)和起泡酒莫斯卡特阿斯蒂(Moscato d'Asti,也叫做 Asti 或 Asti Spumante)。

該地區的葡萄酒多是單一品種釀造,其中大家最熟悉的內比奧羅(Nibbiolo,人們通常稱「霧葡萄酒」。在意大利語中,Nibbiolo 意為「霧」)和巴貝拉(Barbera)種植最為廣泛。

▲ 意大利葡萄酒產區示意圖

▲ 意大利西北部葡萄園風光

— 專題 11 —

意大利葡萄酒的分級

意大利葡萄酒重新恢復名譽是在20世紀中期。1963年開始制定到1966年正式實施的DOC制度這對意大利的葡萄酒規範化產生了深遠影響。該制度毋庸置疑地借鑒了法國AOC制度的經驗。

最早制定的葡萄酒等級只有兩個，分別是DOC（Denominazione di Origine Controllata）和VdT（Vino da Tavola）。

1980年增加了DOCG等級（Denominazione di Origine Controllata a Garantita），1992年又增加了IGT等級（Indicazione Geografica Tipica）。

通常，VdT等級被認同為相當於法國的日常餐酒「Vin de Table」，IGT等級相當於法國的地區餐酒「Vin de Pays」，DOC等級相當於法國的法定產區酒AOC等級。目前意大利的葡萄基本都是20世紀60~70年代重新種植的，此以前的保留的葡萄園面積不到現在的10%。

意大利葡萄酒分級表：

DOCG	Denominazione di Origine Controllata a Garantita	保證控制原產地命名生產的葡萄酒
DOC	Denominazione di Origine Controllata	控制原產地命名生產的酒，相當於法國法定產區AOC等級
IGT	Indicazione Geografica Tipica	相當於法國地區餐酒
VdT	Vino da Tavda	相當於法國日常餐酒

意大利的葡萄品種非常古老、複雜和繁多，有一千多個原產的葡萄品種，再加上不為人熟悉的意大利語名稱，使得已習慣速食文化的消費者難以記憶與掌握。

古老國家通常經過漫長的農業文明。意大利有很多農民後代，導致每戶的耕地都很少，葡萄酒生產單位數目繁多，酒廠和酒的名字冗長，不懂意大利語的人士很難看懂意大利的酒標。

一般來説，酒標中酒廠名稱的字型會較大，但意大利的酒標為配合整體美術設計，使得辨認更加困難，更不用説記住。這也是意大利葡萄酒難以被消費者們廣為傳頌的一個原因。

中部產區

亞平寧山脈將意大利中部分成東西兩面，東側靠亞得里亞海由北到南有艾米裏亞 - 羅馬涅（Emilia-Romagna）、馬凱（Marche）、阿布魯索（Abmzzo）和摩利切（Molise）四個產區。西側第勒尼安海（Tyrrhenian Sea）這一側有托斯卡納（Tuscany）、翁布裏亞（Umbria）和拉契優（Lazio）三個產區。

兩側都屬於乾燥炎熱的地中海氣候區，適合葡萄的生長，葡萄園隨處可見。這裏葡萄品種相對集中，白的主要是 Trebbiano（音譯名「扎比安奴」），特色不是很突出，通常用於釀造簡單易飲的白葡萄酒。紅的是桑嬌維塞，是托斯卡納（Tuscany）產區的主打品種。這裏出產的超級托斯卡納（Supper Tuscany）更是自由奔放的意大利人在葡萄酒領域的自由表現。

除了舉世著名的超級托斯卡納紅酒，出產於中部的聖托（Vino Santo）也是不會被忘卻的甜美佳釀。聖托葡萄酒雖然多是甜白酒，但由於各地所使用葡萄和釀製的不同，可能有紅白之分。通常，釀造聖托葡萄酒的葡萄需要經過3或4個月的晾置，使糖分和風味盡可能地濃縮，接著經過發酵和長達兩年的木桶陳釀而成。

南部產區

意大利南部以及西西里、薩丁島等島嶼都盛產葡萄酒，儘管沒有像意大利北部或中部那樣有許多明星級的產地那樣出名，在國外的影響力不大，但事實上，意大利南部不僅是全意大利最古老的葡萄酒

▲ 意大利中部酒瓶和封鑒

產區，而且還有許多原產的優異品種，出產許多風味獨具的葡萄酒，早自古希臘時期就已經非常著名。這裏出產一些獨特的葡萄酒，如班泰雷利亞乾化葡萄酒（Passito di Pantelleria）是一種金黃色甜葡萄酒，用班泰雷利亞島（該島位於意大利的西西里島和突尼斯之間）的麝香葡萄釀製而成。

西班牙

西班牙葡萄酒是經常被世人忽略的舊世界葡萄酒。但是一定要知道，西班牙的釀酒葡萄種植面積世界第一，葡萄酒產量居世界第三位，而且有很多質量非常優秀的葡萄酒。

西班牙的葡萄種植歷史可以追溯到公元前4000年，在公元前1100年，腓尼基人開始用葡萄釀酒。但是西班牙葡萄酒的歷史並沒有任何值得炫耀的光輝，直到1868年，法國葡萄園遭受根瘤蚜蟲病的災難，很多法國的釀酒師（多數是來自波爾多）來到了西班牙的里奧哈（Rioja），帶來了他們的技術與經驗，這才讓西班牙的葡萄酒進入騰飛期。在此時間，法國的葡萄園大面積被鏟除，由於葡萄酒緊缺也從西班牙進口了相當數量的葡萄酒。另外一個對於西班牙葡萄酒產生重要影響的時間段是在20世紀60年代，桃樂絲酒廠（Torres）的老闆兼釀酒師米格爾托雷斯（Miguel Torres）第一個引進了不銹鋼控溫發酵技術。米格爾

托雷斯本人是在波爾多學習的釀酒，他還大量從法國、德國引進國際著名的葡萄品種。這是法國為西班牙提高釀酒水平作出貢獻的又一佐證。

1972年，西班牙農業部借鑒法國和意大利的成功經驗，成立了 INDO（Instito de Denominaciones de Origen，原產地命名研究院）。這個部門相當於法國的 INAO，同時建立了西班牙的原產地名號監控制度 DO（Denominaciones de Origen）。到目前為止，西班牙有55個DO，其中1994年後批準的有20個。到了1986年DO制度內加入了 DOC（Denominaciones de Origen Calificada），這個略高於DO的等級，雖然目前DOC等級內只有裏奧哈一個原產地名號，但是林雷斯（Jerez），下海灣（Rias Baixas），佩內德斯（Penedes），裏貝拉斯多諾（Ribera del Duero）有可能筆謨鍃 OC 等級。

西班牙的葡萄酒在國際市場上經常以價格不是很昂貴的面貌出現，就算是頂級酒（Rioja Gran Reseva）價格也不會貴得

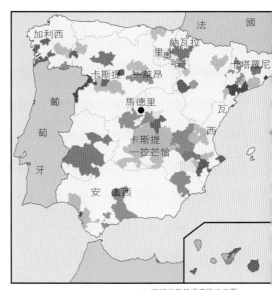

▲ 西班牙葡萄酒產區示意圖

離譜，算是務實之選。但是西班牙本國的葡萄酒消費基本上是本地酒，Rioja Gran Reserva 就算不貴也是要到高級的宴會上才能喝到。在出口市場上，里奧哈、里貝拉斯·多諾、佩內德斯、下海灣、納瓦拉則是大戶。林雷斯以出產雪利酒聞名，也有不少出口。而西班牙其他產區的葡萄酒和低檔的餐酒則很少能在西班牙以外的地方買到。

西班牙的北部因鄰近法國，釀酒技術

▼ 西班牙蘭薩羅特葡萄園

高超，出產大量好酒，里奧哈、里貝拉斯·多諾、佩內德斯、納瓦拉都是西班牙北部的產地。這裏擁有地中海充足的陽光和溫暖的氣候，所以葡萄酒以濃郁的飽滿酒體見長，可能是受西班牙釀造雪利酒的傳統影響，有些西班牙葡萄酒的陳釀時間超長。

西班牙名莊和名酒有：

序號	原名	中文名（作者譯）	標誌
1	Vega Sicilia	維嘉-西西利	
2	Pesquera	寶石翠	
3	Dominio de Pingus	平格斯	

西班牙葡萄酒的主要產區為：

加利西亞

加利西亞（Galicia）位於西班牙的西北部，臨近大西洋，這裏雖然也出產紅葡萄酒，但乾白的品質水準更高，這裏氣候涼爽潮濕，釀造的乾白具有新鮮的果香豐富、酸度好等優勢。在加利西亞產區內知名的葡萄酒產區有：里亞斯（Rías Baixas），該產區的主要葡萄品種是阿壩利諾（Albrino，釀造新鮮即飲型果味主導的

▼ 加利西亞葡萄園

乾白葡萄酒的品種）。

卡斯提亞 - 萊昂

卡斯提亞 - 萊昂（Castillay Leon）位於馬德里的西北方，西班牙中部的鬥羅（Duero）河畔。這裏出產紅、白、玫瑰紅葡萄酒。該產區內最出色當數鬥羅河岸（Ribera del Duero）的紅葡萄酒，比如西班牙頂端的紅葡萄酒，西西里亞（Vega Sicilia）、寶石翠（Pesquera）以及平格斯（Pingus）酒莊就在這個小產區。該產區主要品種是當帕尼羅、歌海娜以及赤霞珠等。

納瓦拉

納瓦拉（navarra）位於馬德里北偏東方向，與法國接壤，但是葡萄酒法定產區主要集中在遠離國界的南部，這裏普遍出產優質紅葡萄。主要葡萄品種有神索，歌海娜，當帕尼羅以及赤霞珠，美樂等。也少量出產白葡萄酒。

里奧哈

里奧哈（La Rioja）是西班牙最為知名的葡萄酒產區，緊鄰納瓦拉南部。這裏主要種植當帕尼羅以及歌海娜，而威烏拉（Viura）則是主要的白葡萄品種，知名酒莊包括里奧哈阿勒塔（Rioja Alta）、里奧哈阿勒維薩（Rioja Alavesa）、里奧哈巴亞（Rioja Baja）等三個名號裏帶有地名的酒莊。

卡斯提亞 - 拉芒恰

卡斯提亞 - 拉芒恰（Castilla la Mancha）是世界上最大的葡萄酒產區，擁有19萬公頃葡萄園，位於馬德里的東面，主要生產一些簡單易飲的日常餐酒。

— 專題 12 —

西班牙葡萄酒分級

西班牙DO制度從大類上將葡萄酒分成2等：普通餐酒（Table Wine）和高檔葡萄酒（Quality Wine）兩等，這與歐盟的規定基本一致。

● 普通餐酒分級

普通餐酒從低到高分為：

VdM（Vino de Mesa）：相當於法國的Vin de Table，也有一部分相當於意大利的IGT。這是使用非法定品種或者方法釀成的酒。

VC（Vino comarcal）：相當於法國的Vin de Pays。全西班牙共有21個大產區被官方定為VC。酒標用「Vino Comarcal de+產地」來標注。

VdlT（Vino de la Tierra）：相當於法國的VDQS，酒標用「Vino de la Tierra+產地」來標注。

● 高檔葡萄酒分級

高檔葡萄酒從低到高分為：

DO（Denominaciones de Origen），相當於法國的AOC。

DOC（Denominaciones de Origen Calificada），類似於意大利的DOCG。

在DO或者DOC級的葡萄酒酒標上，我們還經常能夠看到下列詞語：

「Vino de Cosecha」：年份酒，要求用85%以上該年份的葡萄釀造。

「Joven」：新酒，葡萄收穫來年春天上市的酒。

「Vino de Crianza」或者「Crianza」：這表明在葡萄收穫年份後的第三年才能夠上市的酒，需要最少6個月在小橡木桶內和2個整年在瓶中陳釀。在裏奧哈和鬥羅河地區則要求最少1年在橡木桶內和1年在瓶內的陳釀時間。

「Reserva」：最少陳釀3年的時間，其中最少要在小橡木桶內陳釀1年。對於白酒來説要求最少陳釀2年的時間，其中最少要在小橡木桶內陳釀6個月。

「Gran Reserva」：這是只有少數極好的年份才會釀造的等級，而且要釀造這個等級的葡萄酒需要得到當地政府的許可，要求最少陳釀5年的時間，其中最少要在小橡木桶內陳釀2年。「Gran Reserva」的白葡萄酒是極為罕見的，要求最少陳釀4年的時間，其中最少要在小橡木桶內陳釀6個月。

▼ 西班牙黑豬火腿

卡塔羅尼亞

卡塔羅尼亞（Catalonia）是西班牙東北部地區著名葡萄酒產區，其首府是著名的巴塞羅那，出產於該地區的葡萄酒被稱為卡塔羅葡萄酒（Catalan wine），但是有時這個名詞也用來指法國南部魯西榮（Roussillon）出產的葡萄酒。這裏出產各種各樣的葡萄酒，世界上最大的起泡酒生產商費斯耐（Freixenet）以及著名的桃樂絲（Torres）酒廠就在這個產區。該地區也是世界重要軟木塞產地。

瓦倫西亞（Valencia）

瓦倫西亞（Valencia）位於馬德里東南方向的臨近海濱的區域，這個產區近年來發展較快，出現了越來越多優質的葡萄酒。

安達盧西亞

安達盧西亞（Andalucia）位於西班牙南部，本區域除了有弗拉門戈文化外還是著名的雪利酒產區，生產西班牙獨特風味的不甜和甜的雪利酒和白蘭地。

卡瓦

卡瓦（Cava）與香檳一樣，既是一個

▲ 桃樂絲酒廠發酵區

產區的名號，也是一種類型的葡萄酒。作為一種起泡酒，始產於1851年，必須是採用瓶內二次發酵，主要品種包括馬卡寶（Macabeu），帕瑞拉達（Parellada）以及夏莉勞（Xarel·lo）。但是當卡瓦作為一個產區，卻包括了派內戴斯（Penedès）等六個產區，其中95%的卡瓦出產於派內戴斯。

德國

德國葡萄酒也在世界酒壇佔有相當地位，葡萄種植面積約10萬公頃，葡萄酒年產量約1億升，相當於法國的1/1。約85%是白葡萄酒，類型非常豐富，從一般半甜型的清淡甜白酒到濃厚圓潤的貴腐甜酒，還有工藝獨特的冰酒。而其餘的15%是玫瑰紅酒、紅酒及起泡酒。

德國葡萄酒主要出產於萊茵河及其支流莫塞爾河地區。莫塞爾葡萄酒的酒瓶是

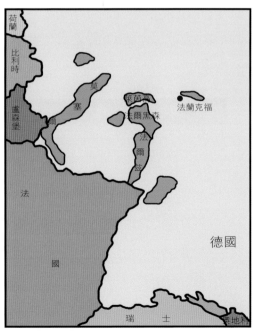

▲ 德國葡萄酒產區示意圖

綠色的，而萊茵酒的酒瓶是茶色的。德國的葡萄酒產區分佈在北緯47°~52°，幾乎是全世界葡萄酒產區的最北限，雖然種植環境不佳，但憑着當地特有的風土和當地人卓越的釀造技術，也釀造出優質的葡萄酒，成為寒冷地區的葡萄酒典範。

德國葡萄酒的特點首先來自於特有的產地和氣候條件。這裏的葡萄大都種植在河谷地區，南起康士坦丁湖，沿著萊茵河及其支流，北抵波恩的米特萊茵，西起與法國接壤的地區，東至易北河。

德國葡萄酒產地共分為13個特定葡萄種植區，每一個產區都有自己的特產。北部地區生產的葡萄酒一般清淡可口，果香四溢，芳香馥郁，幽雅脫俗，並有新鮮果酸。南部生產的葡萄酒則圓潤，果味誘人，有時帶有更剛烈的味道而不失溫和適中的酸性。最常見到的德國酒是來自莫賽爾河流域和萊茵河流域的4個主要產區：莫塞爾（Mosel，2007年前被稱為Mosel-Saar-Rewur）、萊茵高（Rheingau）、萊茵黑森（Rheinhessen）、法爾茲（Pfalz）。

德國名莊和名酒：

序號	原名	中文名（作者譯）	標誌
1	Abtsberg	艾伯特斯堡	
2	Kiedrich Grafenberg	基德奇格蘭峰堡	
3	Schloss Johannisberg	約翰內斯堡	

莫塞爾

莫塞爾（Mosel）河發源於法國境內的弗日山脈，向北流出法國後成為德國和盧森堡的天然國界，並在德國西部邊境蜿蜒流貫245公里，最後在科布倫茨與萊茵河匯流。作為萊茵河的支流，莫塞爾河也由幾條支流形成，薩爾河（Saar）與盧文河（Rewur）便是莫塞爾水系的兩大支流。

莫塞爾是世界公認的德國最好的白葡萄酒產區之一，這裏的土壤大部分以板岩為主，所有的葡萄園幾乎都位於陡峭的河岸上，坡度一般在60度以上，手工操作是這裏唯一可行的辦法，葡萄樹必須獨立引枝以適應如此陡峭的坡度。該產區一共有12809公頃葡萄園，其中54%的面積種植雷司令（Riesling），22%種植米勒（Muller Thurgau），9%種植艾博菱（Elbling）。

萊茵高

萊茵高（Rheingau）地區葡萄園面積並不算大，僅有3288公頃，但是這裏卻出產優異的葡萄酒。該地區內只有一個子產區（Bereich）就是Johannisberg「約翰山」，被認為是真正的雷司令的老家，81%的葡萄園種植的是雷司令。在美國很多雷司令葡萄酒的標籤上都會使用Johannisberg Riesling的名稱以證明其是正宗的雷司令品種。但是近年來紅葡萄品種，特別是黑皮諾的種植有了顯著的增長，目前面積已經達到萊茵高葡萄種植面積的9%左右。

相比莫塞爾的白葡萄酒而言，萊茵高的白葡萄酒不論是顏色，香氣，口感，酒體都更重。葡萄酒也是裝在棕色的直形瓶子裏。

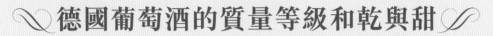

德國葡萄酒的質量等級和乾與甜

德國葡萄酒分級對於不講德語的人來說是相當複雜的。德國葡萄酒標顯示的信息非常豐富,尤其是在質量等級、乾/甜等方面。

● 普通餐酒 (Tafelwein)

如果標有「Deutscher Tafelwein」,必須採用德國5個餐酒餐區出產的葡萄釀製而成,葡萄採收時潛在酒精度不少於5%,成品酒酒精度不少於8.5%,總酸不低於4.5克/升。而未標有「Deutscher」普通餐酒,可以使用來自歐盟其他國家出產的酒進行勾兌。這個級別的酒主要在德國消費,有少量出口。

● 地區餐酒 (Landwein)

等同於法國的VDP,必須使用德國19個法定地區餐酒產區葡萄釀製而成,與普通餐酒相比酒精度要求高0.5%,並且只能是乾型或半乾型。這一級別的酒產量比較大,但出口量不大。

● 特定產區葡萄酒 (Qualittswein bestimmter Anbaugebiete)

採用出產於德國13個法定產區的葡萄酒,葡萄潛在酒精度不低於7%,可以是乾型、半乾型以及半甜型。葡萄酒的類型以及產地名稱必須在酒標上注明。

● 專用名號葡萄酒 (Prdikatswein)

2007年8月1日開始使用這一分級,源自於先前的QmP類型,是一類必須滿足一定條件方能夠採收釀造的葡萄酒,包括6種不同類型。

● 內閣葡萄酒 (Kabinett)

在QbA採收幾天後開始採收釀造的一類葡萄酒,是專用名號葡萄酒類別中的基本類型,通常是半乾類型,乾型的非常少見。

● 晚採收葡萄酒 (Spatlese)

在內閣葡萄酒採收之後12~14天採收的葡萄釀造的葡萄酒,通常為半乾類型,乾型的非常少見,比內閣葡萄酒更甜,果味更明晰些,但是不似通常的甜酒甜膩。

- ## 精選葡萄酒 （Auslese）

在晚採收葡萄中經人工專門挑選出的質量上乘的葡萄精製而成，或許帶有貴腐菌侵染的特點，通常是半甜或者甜型，儘管也有乾型的。

- ## 粒選葡萄酒 （Beerenauslese）

選用經過貴腐菌侵染而濃縮的葡萄釀造的葡萄酒，通常是甜型葡萄酒。

- ## 冰酒 （Eiswein）

採用枝頭上天然結冰的葡萄，未經過貴腐菌侵染，果汁含糖量達到粒選葡萄酒標準，並在果粒的冷凍狀態下進行壓榨取汁發酵的一類葡萄酒。

- ## 乾漿果葡萄酒 （Trockenberenausl-ese）

選用逐粒從近乎乾化為葡萄乾的葡萄中精選出的葡萄釀製出來的葡萄酒。

法爾茲

「Pfalz」(法爾茲)原文為「宮殿」的意思,因古羅馬皇帝奧古斯都在此建行宮而得名。以前此地區也被稱作 Rheinpfalz「萊茵法爾茲」,葡萄園面積達到 23804 公頃,是德國第二大葡萄產區。出產的葡萄酒 77% 為白酒。這裏葡萄種植的品種比較豐富,其中種植面積雷司令和米勒各佔 21%,另外有西萬尼、葡萄牙藍等品種。

萊茵黑森

萊茵黑森(Rheinhessen)是德國最大的葡萄酒產區,葡萄園的面積有 26372 公頃。其中米勒 23%,西萬尼 13%,9% 種植雷司令以及其他品種。該產區出產最多是質量平平的酒,其中最具代表性的就是「聖母之奶」(Liebfraumilch)。

葡萄牙

葡萄牙在葡萄酒世界裏很不起眼,因為產量被其同是拉丁語系的三位「大哥」——意、法、西遮住了光芒,近幾年又有新世界的拉丁「小弟」——智利、阿根廷佔去光彩。無論如何,很難使人在想到葡萄酒的時候能在腦海裏很快地反映出葡萄牙的影子。

從葡萄酒產業在當地經濟中所佔比重,以及葡萄園面積佔農業用地比例的角度來評價,葡萄酒在這個國家佔有極其重要的地位,釀酒葡萄 25 萬公頃,葡萄酒年產量 75 萬噸產量,人均消費 45 升。尤其令人神往的是,這裏擁有聯合國教科文組織認定的杜羅河谷(Douro Vinhateiro)、皮考島(Ilha do Pico Vinhateira)世界文化遺產。這裏風景秀麗。在品嘗美酒之時,如畫的風景令人陶醉。

Tips

德國酒標上的信息:

Trocken:乾型,該類型酒殘糖含量不超過 9 克 / 升,這類型的酒瓶的膠帽通常是黃色的。

Halbtrocken(半乾),殘糖含量在 9~18 克 / 升,但是,由於含酸量極高,通常口感上與國際市場中的乾型葡萄酒類似,感覺不到甜。

Feinherb:含糖量高於半乾的類型。

Weingut(estate):酒莊。

Weinkellerei(winery):酒廠。

Winzergenossenschaft(winegrowers' co-operative wine):合作社酒。

Gutsabfüllung(estate bottled wine):酒廠裝瓶的葡萄酒。

Abfüller(bottler or shipper):灌裝。

「er」如果使用在一個城鎮名稱之後,特指釀酒的葡萄園位於該城鎮。

▲ 散養的黑豬

▲ 採收軟木原料

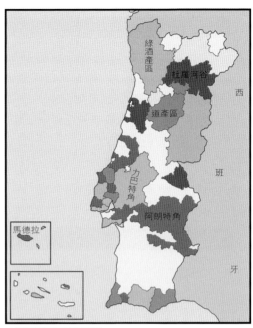

▲葡萄牙葡萄酒產區示意圖

▲ 杜羅河谷葡萄園風光

　　葡萄種植首先由塔特希安人（Tartessi-ans）於公元前2000年帶到葡萄牙，之後由腓尼基人、迦太基人、希臘人以及羅馬人發揚光大。在這個過程中，影響最大的當數古希臘、古羅馬時代。勤勞的葡萄牙人經過長期實踐，在葡萄栽培、釀酒以及品種選育方面，為葡萄酒世界積累了大量財富。葡萄酒在葡萄牙落地生根，並在羅馬帝國時代，葡萄牙葡萄酒開始供應羅馬。葡萄酒產業在此地發展過程中，也形成了許多標誌性的階段，比如世界上最早的具有限定條款的原產地命名體系是在葡萄牙的杜羅河谷形成的。

　　今天，在葡萄牙形成了300多個本地品種，以及多種風格獨特的葡萄酒——波特、綠酒以及馬德拉等。

杜羅河谷產區

杜羅河谷（Duro，西班牙拼寫為Duero），位於葡萄牙重要港口波特市（Porto，位於杜羅河入海口處，也譯作波爾圖市）東100公里的杜羅河谷直到西班牙邊界，葡萄面積高達4萬多公頃，每年出產的葡萄酒超過12萬噸，其中超過一半是葡萄牙獨特的波特酒，也是葡萄牙重要的出口葡萄酒組成部分。

杜羅河源自西班牙境內，橫穿葡萄牙北部，全長將近900公里。由於蜿蜒曲折，僅在葡萄牙境內的中下游部分河段可以通行小型船隻。這裏儘管緯度高，但是，由於河谷特殊氣候，河谷內氣溫高，葡萄生長季節乾燥，尤其是靠近河谷的低海拔區域，是種植釀酒葡萄、橄欖以及杏仁的絕佳區域。

杜羅河谷葡萄園是聯合國教科文組織授予僅有的幾個「世界文化遺產」葡萄園之一，也是世界上最早擁有具體文字限定條款的葡萄酒原產地（DOC）。杜羅河谷葡萄園依據海拔、朝向以及土質等劃分等級，那些A級葡萄園主要集中在靠近河面以坪裊（Pinhão）村為中心的低海拔區域。

17世紀世紀末至18世紀初期，葡萄酒進口大國英國與法國交惡，進口法國葡萄酒受到限制，進口商們轉而南下，在葡萄牙發現了商機，催生了波特酒的市場。

綠酒產區

如同意大利霧葡萄酒一樣著名，葡萄牙有一種「綠葡萄酒」，出產這種酒的產區就叫「綠酒產區（vinho verde）」。

綠酒產區包括葡萄牙西北部的迷裊（Minho）以及部分杜羅河谷（Douro）臨海地

▼ 綠葡萄酒產區葡萄園

區，大約3萬公頃葡萄園，佔整個國家葡萄園面積的15%。該地區生產葡萄酒歷史悠久，在1908年產區就已經確定界限。這裏氣候受到海洋的影響，涼爽、濕度相對較大，年降雨量高達1500毫米，豐富的降水促進當地植被生長，尤其是森林茂盛。

當地氣候偏涼，出產的葡萄很難達到較高的糖度，所以這裏的葡萄酒通常被稱為「綠酒」。「綠」在這裏更主要是指這種類型的酒清新而年輕，不是絕對意義上的色彩描述。這種酒的特點是清新、酸度好、酒體輕，適合年輕即飲，不需要陳釀。釀酒師又會在裝瓶時在酒中保留較多發酵產生的二氧化碳（相對於普通靜止酒而言），具有微微的氣感，又提升了酒清爽、清新的感覺。現在，「綠酒」可以稱為葡萄牙葡萄酒的經典代表之一，大量出口供應國際市場，佔葡萄牙葡萄酒出口量第二位，僅次於波特酒(Port)。綠酒產區除出產白葡萄酒外，也出產紅葡萄酒以及桃紅葡萄酒。

綠酒產區的主要葡萄品種為Alvarinho（在西班牙作Albrino），該品種萌芽偏晚，果實酸度高，所釀造的酒通常具有檸檬、青蘋果氣息，在當地白品種中糖分積累能力偏高（酒精度達11.5%~13%，而其他品種釀造的酒通常是8%~11.5%），是該產區生產綠酒的重要品種。當地出產的紅葡萄酒也是酸度突出，儘管酒體偏薄但是口感中單寧強烈。

道產區

道產區(Dão)位於杜羅河谷產區南邊，該產區葡萄種植面積達2萬公頃，出產4萬噸葡萄酒。該地區葡萄園由於海拔相對較高，所以有效積溫較低，屬於葡萄牙一個冷涼葡萄酒產區，這裏出產的葡萄酒80%是紅葡萄酒。

阿朗特角和力巴特角產區

葡萄牙葡萄酒產區從面積上來說，還有阿朗特角（Alentejo）和力巴特角

（Ribatejo）兩個重要產區——阿朗特角2萬公頃，力巴特角2.2萬公頃。兩個產區位於葡萄牙南部相對平坦的地區，前者更遠離海洋並且偏南，所以氣溫更高。後者位於里斯本東側，儘管比北方大部分葡萄酒產區氣溫偏高，但是由於相對而言受海洋影響更大，比阿朗特角產區氣溫低。這兩個產區有共同的特點：由於葡萄園相對平坦，因而單個經營單位面積相對較大，機械化程度高，是出產性價比很好葡萄酒的產區。

另外阿朗特角也是葡萄牙生產軟木塞原料的主要產地。

▼ 杜羅河谷葡萄園風光

— 專題 14 —

看懂葡萄牙葡萄酒標

D.O.C.（Denominação de Origem Controlada）：原產地命名控制體系，相當於法國的 AOC；

Adega：酒窖或酒廠；

Aguardente：白蘭地；

Bagaceira：Bagaço（發酵皮渣）蒸餾酒；

Barco Rebelo：杜羅河上運酒專用的小帆船；

Branco：白葡萄酒；

Cepa：葡萄樹；

Claro：新釀製的葡萄酒；

Doce：甜葡萄酒；

Engarrafado：裝瓶；

Espumante：起泡葡萄酒；

Garrafa：酒瓶；

Garrafeira：一種混合多產區的葡萄酒，無品種限制，通常紅葡萄酒需要在木桶內陳釀 2 年，白葡萄酒 6 個月；

IPR：Indicação de Proveniência Regulamentada（IPR, Indication of Regulated Provenance）高於 DOC 的一種特定產區葡萄酒，具有特定的風格，並且這種風格特點的確立不少於 5 年連續鑒定；

Licoroso：高酒精度葡萄酒；

Maduro：成熟的餐酒；

Pipa：用於運輸或者陳釀酒的木桶；

Reserva：珍藏；

Rosado：桃紅葡萄酒；

Seco：乾葡萄酒；

Selo de Origem：原產地保證徽記；

Tinto：紅葡萄酒；

Uva：葡萄；

Velho：陳年葡萄酒；

VEQPRD：特定產區起泡葡萄酒；

VLQPRD：特定產區甜葡萄酒；

Vinho：葡萄酒；

Vinho de Mesa：普通餐酒；

Vinho Verde：綠酒。

馬德拉產區

馬德拉（Madeira）是歐洲著名的度假聖地，Madeira 在葡萄牙語意為「木」，這裏因曾經覆蓋有郁郁葱葱的森林而得名。馬德拉產區不僅僅以具有悠久歷史的葡萄酒產區而著稱，更因為出產在這裏的葡萄酒獨特而聞名。馬德拉酒，一種採用類似波特酒工藝釀造的，涵蓋乾至甜各種類型的葡萄酒。與波特酒不同的是，馬德拉酒發酵結束後，經過人工加熱使葡萄酒發生馬德拉反應，即糖在加熱後發生的變化，出現焦糖的氣味。

歷史上馬德拉酒主要出口到法國、英國以及德國。馬德拉葡萄酒分為珍藏（Reserve，5 年木桶陳釀），特別珍藏（Special Reserve，10 年木桶陳釀），稀世珍藏（Exceptional Reserve，15 年木桶陳釀）以及年份馬德拉等

這個地區葡萄園多在陡峭的山坡之上，主要葡萄品種有：馬拉沃澤（Malvoisie）、寶樂（Boal）、威代蒿（Verdelho）、賽思亞（Sercia）等。

匈牙利

在歐洲，僅有匈牙利語與希臘語中有自己的「葡萄酒」一詞，而不是來自拉丁語的「葡萄酒」。匈牙利自古即為葡萄酒生產大國。在法國文章詩詞中，常常可以看到來自匈牙利的名酒，尤其是著名的托卡伊甜酒（Tokaji），是當時歐洲皇室貴族最愛的葡萄酒之一。20世紀末期，匈牙利葡萄酒產業私營化與西方資金的大量流入，為匈牙利帶來全新的釀酒設備和技術和尋回昔日酒王美譽的憧憬。

匈牙利四周環陸，是典型的大陸性氣候，夏季酷熱冬季嚴寒，目前匈牙利大約有12萬公頃的葡萄園，比較特別的是匈牙利秋季特殊的氣候，陰霾常籠罩天際，有利於釀造出甜美的貴腐酒。

相比其他歐洲產酒國，匈牙利多種植該國特有的土生葡萄品種，也因此使得該國葡萄酒風味獨具，匈牙利葡萄酒標籤上通常可以看到葡萄品種的名稱。

匈牙利葡萄栽培歷史悠久，14世紀末便在全國形成了22個葡萄酒產區，分屬5大產區：外多瑙北部（Ésazk-Dunántúl）、巴拉頓（Balaton），南潘諾尼亞（Dél-Pannónia），多瑙河（Duna），上匈牙利（Felsö-Magyarország），托卡伊（Tokaji）。如今，匈牙利每年都會舉辦豐富多彩的葡萄節、品酒會等活動，形成了獨具特色的葡萄酒旅遊項目，充分展示了其葡萄酒生產的悠久歷史和文化。

在以上產區中位於上匈牙利的馬特拉（Mátra）以及愛蓋爾（Eger）較為有名。匈牙利海拔最高的馬特拉山（Mátra）的山麓地帶風光秀麗，葡萄種植面積達7000公頃。此地的葡萄釀酒業歷史悠久，形成於13世紀至14世紀，15世紀時已經產生有組織的葡萄酒貿易。馬特拉山山麓地帶的愛蓋爾（Eger）是一座具有巴洛克式建築風格的城市。中世紀時，愛蓋爾曾盛產白葡萄酒。15至16世紀時，移居來的南斯拉夫人帶來了釀造紅葡萄酒的葡萄品種。

「愛蓋爾公牛之血」（Egri Bikavér）是如今匈牙利最有名的乾紅葡萄酒之一。該酒採用不同品種——主要是用當地人稱蛹ékfrankos，實為法國藍（French Blue）葡萄單獨釀造後調配而成，集中了四五種不同葡萄酒的特點，清香醇厚、回味悠長。

— 專題 15 —

關於托卡伊

　　匈牙利葡萄酒最為有名的當數托卡伊，其在世界上享有盛譽，可稱為匈牙利產區最耀眼的明珠。托卡伊山麓6000公頃葡萄種植區域內波多克河(Bodrog)創造了良好的自然生態條件，使這裏自16世紀中葉起就成為出產世界上最卓越的甜白葡萄酒「托卡伊阿蘇」的產區。歷史上該地曾擁有很多專供王室的葡萄酒，托卡伊因而成為匈牙利葡萄酒貿易的中心。18世紀下半葉，俄國沙皇還曾在此地專設常駐採購團，以保證王室優質葡萄酒的供應。如今托卡伊以其優良的葡萄酒和保存完好的自然、人文景觀吸引了大批遊客。

　　在南部，雖然著名的葡萄酒產區不如北部那麼眾多，但也開闢出一條以葡萄酒著名產區維拉尼為重點的「葡萄酒之路」。維拉尼附近地區陰涼、潮濕的農莊葡萄酒窖，數百年的歷史文物、地方傳統特色的菜餚對人們頗具吸引力。

　　匈牙利的托卡伊(Tokaji)葡萄酒，自1650年問世以來，一直以其優異的品質和獨特的風格而享譽世界。葡萄酒的王國的國王——法國的路易十四稱其為「酒中之王，王室之酒」幾百年來它一直是歐洲王室的貢酒。可以說托卡伊是匈牙利人的驕傲，匈牙利的國寶。

　　但是歷史上出產托卡伊的地區，現今在匈牙利的東北部和斯洛伐克境內部分地區，葡萄品種60%是福明特(Furmit)，30%是哈勒威盧(Hárslevelü)，另有玫瑰香等少量其他品種。斯洛伐克歷史上也生產托卡伊，但自2007年起，斯洛伐克需向匈牙利申請原產地命名控制，獲得許可後方可使用「斯洛伐克產托卡伊」字樣。

　　托卡伊地區葡萄採收完全是手工的，採收有幾種情況：第一種是採收健康的葡萄，用來釀造乾型福明特(dry furmint)。第二種是採收過熟的葡萄，並且部分被黴菌感染，仍然是整穗採收，用來釀造紹莫羅得尼(Szamorodni)，通常含有100~120克/升糖分，酒精度也比較高(14%左右)。第三種採收也是最重要的一種，完全手工逐粒採收被黴菌污染並且完全萎縮的葡萄用來釀造阿蘇(Aszu)葡萄酒。這也是托卡伊地區的頂級葡萄酒，僅有5%~6%度酒精，極其珍貴，高達五六百歐元(500毫升/瓶)，僅在重大盛典方才能分享一點。

　　逐粒採收的葡萄放進開口的136升的大木桶內，添加乾型白葡萄酒，經過24~48小時浸泡後分離出的酒轉至另外的桶內進行發酵，直至成品。最終成品在酒標上標注每桶(136升)內添加葡萄粒的筐數(puttonyos)——通常為3~6筐，每筐容量大約25公斤。阿蘇酒通常酒精度大於14%。

　　酒中的殘糖含量標準：

阿蘇酒的類型	含糖量 克 / 升
3 Puttonyos	60
4 Puttonyos	90
5 Puttonyos	120
6 Puttonyos	150
Aszu Eszencia	180

奧地利

　　奧地利作為歐洲古國，儘管葡萄酒的文化被淹沒在其顯赫的歷史長河之中。但在葡萄酒的世界裏，人們不會忘記這個重要的出產葡萄酒的國度。奧地利葡萄種植面積大約有48000公頃，葡萄種植經營單位多達3.2萬多個，約有6500個有自己品牌的葡萄酒出產者，而其他葡萄農則將其葡萄出售給葡萄農合作社或釀酒廠。

　　奧地利的葡萄種植集中於東部的下奧地利（Nieder Österreich）、布爾根蘭（Burgenland）、施泰爾馬克（Steiermark）和維也納（Wien），這4個大區又被分為16個不同的葡萄酒產區。

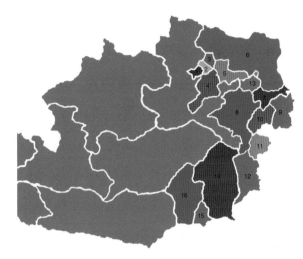

▲奧地利葡萄酒產區示意圖

　　而葡萄酒法所定義的4個面積相差極大的葡萄酒產區如下（2005年）：

產區序號	產區原文名稱		中文名稱	產區面積／公頃	對應圖中標注數字的區域
1	Weinland Österreich	Nieder Österreich	下奧地利	31425	1、2、3、4、5、6、7、8
		Burgenland	布爾根蘭	15386	9、10、11、12
2	Steirerland		施泰爾蘭德	3749	14、15、16
3	Wien		維也納	621	13
4	Bergland Österreich		山地奧地利	32	散佈，面積太小，未標注

Tips

　　「公牛之血」名字的由來，最為廣泛流傳的是這個版本：早年土耳其人進攻愛蓋爾時，由當地軍人、市民、郊區農民組成的軍隊在飽餐戰飯之後，借著酒酣耳熱的興奮勁兒，向土耳其人發動了猛攻；愛蓋爾人滿臉通紅，很多人還在臉上灑上了葡萄酒，土耳其人見狀誤以為他們將公牛的鮮血塗在了臉上，驚慌恐懼之下潰不成軍、四散奔逃……「公牛之血」就此得名。

匈牙利語	英語	中文
Szölö	grape	葡萄
Bor	wine	葡萄酒
Ászok	cask	桶

— 專題 16 —
關於奧地利葡萄酒

● 奧地利葡萄酒法律

奧地利作為一個古老的葡萄酒生產國，1985年乙二醇事件使奧地利遭到幾近毀滅性的打擊。為了重振葡萄酒產業，奧地利以歐洲葡萄酒法為基礎重新修訂葡萄酒法。其主要內容為產地監督、每公頃產量限制、質量級別和國家質量監督。奧地利對用於生產地方酒、優質酒和特優酒的葡萄普遍規定最高產量為每公頃9000公斤，產酒6750升。奧地利優質葡萄酒和特優葡萄酒須經雙重國家檢驗。標籤上的國家檢驗號和紅—白—紅色封條便表明了這一嚴密的監督和質量保證程序。葡萄酒通常分為佐餐酒、優質酒和特優酒。列入何種類別取決於葡萄果汁中的含糖量，相關單位用克洛斯特新堡比重計（Klosterneuburger Mostwaage，簡稱KMW）表示，其與波美濃度（°Be'）的換算為：

克洛斯特新堡比重計	15.0	17.1	19.0	21.0	25.0
波美濃度	9.8	11.2	12.4	13.7	16.3

● 產地和質量等級

普通佐餐酒只標明產於奧地利。地區葡萄酒注明產地為四個葡萄種植產地之一，優質和特優葡萄酒則需注明其葡萄種植產區。

奧地利主要以生產白葡萄酒為主，為世人所熟知的是高糖分含量的冰酒、晚採收方式（Late Harvest）所釀造的甜酒。事實上，奧地利葡萄酒無論在品種、種植與釀造甚至於酒瓶都與德國葡萄酒十分類似，這或許肇因於同屬德語系與相同地理緯度的關係。

其次，大陸性氣候冬季酷寒，慣有的霜害常對葡萄樹構成威脅，夏季乾燥且炎熱，在某些過於乾旱的年份，在相當無奈的情形下，葡萄園必須經過核準才得以實施人工灌溉。

奧地利葡萄酒分級為（基於德國的葡萄酒分級，1985年修訂）

普通餐酒（Tafelwein）：大於10.7 KMW，可以混合不同產區的葡萄酒。

地區葡萄酒（Landwein）：至少14 KMW。

優質葡萄酒（Qualitatswein）：至少15 KMW。

高級優質葡萄酒（Kabinett）：至少17 KMW【由此等級起（含Kabinett）不允許人為提高KMW（不可加糖或添加未經發酵的果汁）】。

特優葡萄酒（Pradikatsweine），包括以下類型：

A. 晚採葡萄酒（Spatlese）：至少19 KMW。

B. 串選葡萄酒（Auslese）：至少21 KMW。

C. 粒選酒（Beerenauslese，簡稱BA）：至少25 KMW。

D. 冰葡萄酒（Eiswein）：至少25 KMW；採收和壓榨時葡萄必須是結冰狀態。

E. 乾化葡萄酒（Strohwein）：至少25 KMW；釀製用的葡萄須在稻草上鋪放風乾。

F. 高級甜葡萄酒（Ausbruch）：至少27 KMW。

G. 乾漿果粒選酒（Trockenbeerenlese，簡稱TBA）：至少30 KMW。

① 自然條件

　　土壤結構的巨大差異塑造了奧地利葡萄酒的特性。譬如在葡萄區（Weinviertel）是以黃土為主，而多瑙河谷同樣如此。在克雷姆斯（Krems）和朗根羅伊斯（Langenlois）附近以及瓦赫奧（Wachau）主要是原始岩土壤，在溫泉地區是黏土性土壤或鈣質土。維也納（Wien）、卡農圖（Carnuntum）和布爾根蘭（Burgenland）的土壤種類呈現出多樣化：從葉岩到黏土、泥灰岩、黃土直至純淨的沙質土壤。施泰爾馬克（Steiermark）多為褐土、礫岩和火山土壤。

　　奧地利的葡萄種植地均位於溫和的氣候帶，約在北緯47°和48°之間，同法國葡萄種植區布根地（Burgundy）相似。大多葡萄種植地的典型氣候特點為夏天溫暖、晴朗和持久，秋天溫和、夜晚清涼。

▲ 奧地利多瑙河畔的葡萄園

▲ 經典的希臘葡萄園

希臘葡萄酒歷史

毋庸置疑，希臘人釀造葡萄酒歷史久遠，並成為悠久而又輝煌的古希臘文明的一部分。講到葡萄酒的起源，目前被普遍接受的觀點是：公元前 6000 年時，高加索地區的人們開始種植葡萄與釀造葡萄酒，後傳到美索不達米亞、腓尼基、埃及以及希臘，最為重要的是，通過希臘繼續向西傳播，促成了今天歐洲葡萄酒的眾多產區。可以說，希臘連接了葡萄酒發展的歷史與現代。當然，直到今天還沒有足夠的證據，能夠系統說明葡萄酒行業連續發展的過程，這就使我們對葡萄酒起源一直處於猜想階段，於是不可避免地產生了一些具有商業目的的故事。好在希臘具有足夠深厚的歷史與文化底蘊，他們不在乎這些故事，所以直到最近 20 多年，由於歐盟限制葡萄酒生產期望提升葡萄酒質量，以應對世界葡萄酒生產過剩危機之時，許多人才注意到「在會場的角落裏一直默不作聲的年邁紳士」——希臘葡萄酒。

隨着希臘加入歐盟以來，歐洲資本大量湧入，促進了希臘葡萄酒業更新設備與技術，加快了邁向現代化步伐。

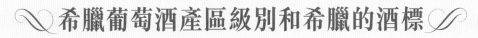

─ 專題 17 ─
希臘葡萄酒產區級別和希臘的酒標

● 希臘葡萄酒等級劃分

希臘葡萄酒產區級別體系，是針對傳統品種的應用、產區(或者酒莊)的歷史、生產技術(傾向於法國的技術體系)以及葡萄園的海拔高度和朝向等幾個方面制定的。

OPAP（Onomasa Proelfseos Anotras Pititos）

OPAP標準相當於歐盟制定的「產於特定地區的高質量葡萄酒」(VQPRD)標準，符合這個要求的產區有25個，分佈於9個行政區。

OPE（Onomasa Proelfseos Eleghomni）

OPE標準相當於歐盟制定的「產於特定地區的高質量甜葡萄酒」(VLQPRD)標準，共有8個產區，分屬於4個行政區，比如採用小白玫瑰香釀造的舉世著名的Samos就是其中的典型代表。

在上述這兩個級別的酒中，可以標注「Reserve」、「Grand Reserve」，但是，必須滿足這樣的條件：

	白葡萄酒	紅葡萄酒
Reserve	達到2年陳釀，其中不少於6個月的桶內、6個月的瓶內陳釀	達到3年陳釀，其中不少於6個月的桶內、6個月的瓶內陳釀
Grand Reserve	達到3年或以上陳釀，其中不少於1年的桶內、1年的瓶內陳釀	達到4年陳釀，其中2年的桶內、2年的瓶內陳釀

Topikos Inos

這個級別相當於法國的VDP，指地區餐酒。一些生產者可以使用「酒莊(Ktima)」「修道院(Monastiri)」「城堡(Archondiko)」等字樣，以顯示與眾不同。

Epitrapezios Inos

這是相當於法國的VDT級別，指普通餐酒，也是受到限制最少的級別，正是由於希臘擁有悠久的葡萄酒生產歷史，所以，很多人不願意接受這些現代的規章制度，他們所生產的葡萄酒只能使用這個級別的標識，所以，在這個級別中不乏令你驚喜的好酒。

● 希臘的酒標

在希臘葡萄酒的酒標上，經常會出現以下字樣，各自具有不同的內涵，瞭解這些字樣，對於讀懂希臘葡萄酒標具有很大的幫助。

Oenos	希臘語，意為葡萄酒，而「葡萄酒」一詞在其他語言中分別為英語：wine，德語：wein，拉丁語：vinum，法語 vin，西班牙或者意大利語：vino
Oenologist	擁有釀造葡萄酒證書的人，衍生於「oenos」
Oenophile	葡萄酒迷，字面翻譯為「葡萄酒之友」
Cava	特指陳釀過的葡萄酒普通餐酒，白葡萄酒經過2年不銹鋼罐以及瓶內陳釀或者1年木桶以及瓶內陳釀；紅葡萄酒經過至少3年陳釀，其中在木桶內陳釀不少於6個月（新桶內）或者1年（舊桶內）

以下字樣只能用於地區餐酒以上級別的酒，並要滿足特定內涵：

Reserve 或者 Grand eserve	見前文的解釋
Ktima	酒莊，特指在採用自己種植的葡萄、在本葡萄園內釀造並成品的葡萄酒
Orinon Ampelonon	山區葡萄酒，特指採用海拔高度不低於500米的葡萄園種植的葡萄釀造的葡萄酒
Palaion Ambelonon 或者 Palia Klimata	特指老樹葡萄酒，採用不低於40年樹齡的葡萄樹出產的葡萄釀造的葡萄酒
Apo Nisiotikous Ambelones	島嶼葡萄酒，特指採用位於島嶼之上的葡萄園出產的葡萄釀造的葡萄酒
Vinsanto（vin-santo）	聖特里尼島（Santorini）釀造的甜葡萄酒，其中 Assyrtiko 葡萄不少於51%，並且在桶內陳釀不少於2年
Mezzo	與 Vinsanto 相同，但是乾型的葡萄酒
Nykteri	出產於聖特里尼島，酒精度不低於13.5%的葡萄酒
Liastos	乾化葡萄釀造的葡萄酒，源自於希臘語「陽光（helios）」
Kastro	古堡
Grand Cru	只能用於前兩個等級，表示經過精選的葡萄酒
Pyrgos	帶有塔樓的城堡

東部年降雨量為400毫米，施泰爾馬克（Steiermark）可達800毫米或更多。影響葡萄產地氣候的因素有多瑙河流，起到反射太陽光和平衡溫度大幅度波動的作用，還有大諾伊齊德勒湖（Neusiedlersee），晚秋時節，常有用於漿果特選和乾果選粒酒的葡萄在湖岸邊漸漸成熟。葡萄園多位於海拔高度200米處。在下奧地利（Nieder Österreich）葡萄農在海拔高度400米處種植葡萄。最高的葡萄種植地在施泰爾馬克（Stciermark），海拔高度約560米。

② 主要葡萄品種

奧地利紅葡萄品種主要包括：次韋格爾特（Zweigelt）、葡萄牙藍（Blauer Portugieser）

法國藍（Blaufrankisch）、卡達卡（Kadarka）。

奧地利白葡萄品種主要包括：綠瓦特林納（Gruner Veltliner）、米勒（Muller-Thurgau）、萊茵雷司令（Rhein riesling）、福明特（Furmint）瓊瑤漿（Gewurztraminer）、奧特尼玫瑰（Muskat-Ottonel）、新山（Neuburger）、白皮諾（Weissburgunder）、瓦爾許雷司令（Welsch Riesling）。

希臘

由於擁有優越的地理位置，古希臘成為人類歷史上多種文化融合中心，也極大促進了希臘社會文明發展的進程。古希臘神話、雕刻、哲學和自然科學等炳煥古今，為人類做出了卓越貢獻，也因此被視為西方文明的發祥地，葡萄酒正是其中一個代表產物。

希臘葡萄種植面積將近13萬公頃，葡萄酒產量40多萬噸，在歐盟老成員國中位列第七。葡萄酒主要用於國內消費，由於葡萄酒的生產與消費具有悠久的歷史，所以當地人喜愛飲用葡萄酒，認為葡萄酒是有益於健康的。

希臘位於歷史上的火藥桶——巴爾幹

◀ 希臘葡萄園

半島南部，三面臨海，國土面積不大，多為山地，對於土地的利用可謂極致。葡萄酒產區的劃分也不例外，希臘這個不大的國家，葡萄酒產區被劃分為4個級別160多個產區(該分級體系創建於20世紀70年代)。

採用土生葡萄品種釀酒是希臘葡萄酒的優勢之一，目前仍在使用的本土品種超過300多個，這個數字可以與法國、意大利相比。然而，這些品種的名字使用希臘語，既難讀又難記，很難被人熟知。

瑞士

瑞士地處歐洲中央，被法國、意大利、德國及奧地利環抱。「袖珍」的瑞士不僅在地理位置上被三個產酒大國包圍，連葡萄酒聲名也多被比鄰的三個葡萄酒天王淹沒。從地理緯度上講，瑞士處在北半球適宜葡萄種植的環帶。然而，瑞士又是多山地、多湖泊之國。阿爾卑斯山脈和茹拉山脈佔去瑞士國土面積約七成，秀麗的日內瓦湖是西歐最大的淡水湖。多樣的氣候造就了該地區葡萄酒的豐富多彩。

①自然條件

雖然國土面積較小，瑞士卻有着多樣的微氣候環境以及土壤特質。南部比較暖熱，如提契諾產區有地中海式氣候特點。北部偏寒涼，如與德國鄰近的東北部產區。歷史上，瑞士是由不同族群融合而成，具有文化繼承與人文特質的多樣性。西南部產區是法語區，北部是德語區，而中南的提契諾是意大利語區，加上葡萄品種等眾多多樣性因素構成瑞士葡萄酒千姿百態的風格。

與歐洲多數葡萄酒舊世界國家一樣，瑞士開墾、種植葡萄和釀造葡萄酒的歷史可追溯到古羅馬時代。羅馬帝國衰落後，葡萄種植與釀造因基督教和宗教儀式的使用而延續，並貫穿中世紀漫漫歲月。隨着時光流逝，葡萄酒從宗教角色轉化為瑞士人社會生活的重要組成部分。比其釀酒更出名的，是瑞士人均葡萄酒年消費量一直

▲ 瑞士葡萄園

居世界前茅。

瑞士葡萄酒產區有6個：最西端的日內瓦（Geneva）往東的沃州（Vaud）和瓦萊（Valais），中南部的提契諾（Ticino），西北部的三湖產區和以蘇黎世為主的東北部產區。

瑞士葡萄酒法規是參照法國原產地命名制度（AOC）制定的，也叫AOC。

②主要葡萄品種

瑞士種植的葡萄品種眾多。廣泛種植的白葡萄有：薩斯拉（佔27%）、米勒（佔3%）、霞多麗（佔2%）等；紅葡萄有黑皮諾（佔30%）、佳美（佔10%）、美樂（佔7%）等。薩斯拉是人類最早種植的葡萄品種之一，且唯有瑞士將其潛能和特質充分開發並利用，釀出令人嘆服的多樣且精致的白葡萄酒，堪稱瑞士白葡萄酒的代表。紅葡萄以黑皮諾為主。黑皮諾在瑞士有着悠久的種植歷史和不俗表現，在多數產區都有

▲ 瑞士，和平的世界

種植。除了主流和知名品種，瑞士還有40多種古老的，甚至有些是瑞士獨有的葡萄品種，並成為瑞士的葡萄酒產業的財富。

值得一提的是，洛桑到沃韋（Vevey）之間的葡萄園已被列入世界自然遺產名錄。每年8月初的周末，謝爾小鎮（sierre）舉辦VINEA——瑞士最大的葡萄酒節，在這裏可以享受到來自全瑞士過千種葡萄酒。

在國際酒壇上不容易聽到、看到、喝到瑞士葡萄酒，因為本國需求大，瑞士葡萄酒一直極少出口，僅有不到2%葡萄酒出口國外，主要是出口到德國。瑞士葡萄種植面積達15000公頃，其中42%為白葡萄，58%為紅葡萄，年均葡萄酒產量約1.1億升，看似不少，但僅能滿足本國需求的四成左右。所以，本國酒特別是好酒都就地消耗了。近些年，這種情形有所改變。一些國際葡萄酒大賽，特別是世界黑皮諾葡萄酒競賽上瑞士酒佳績頻傳。

瑞士葡萄酒酒標更近似新世界風格，現代且簡單明瞭。主要信息有：AOC標示，常見的是AOC字符後跟着產區或子產區名稱、酒廠、年份，也常有葡萄品種等。由於歷史傳承，一些地區對某些葡萄品種和葡萄酒的稱謂有特別之處，並按照AOC的許可標示在酒標上。如在瓦萊州，薩斯拉（Chasselas）被稱為「Fendant」，西萬尼（Sylvaner）標成「Johannisberg」，馬爾桑（Marsanne Blanche）常標為「Ermitage」；如見到「Dole」字樣，表示是用不少於85%的黑皮諾和佳美或其他法定品種調配的紅葡萄酒。

葡萄酒的新世界

美國

美國是葡萄酒新世界的重要代表，產量目前排在世界第四位，儘管人均葡萄酒消費量不是很高，但是全美國葡萄酒消費總量即將成為世界第一。作為新世界，美國葡萄酒企業在品牌、市場以及消費者口味研究方面擁有舊世界不可比擬的長處，這也是新世界葡萄酒產業飛速發展的主要原因。

美國許多州都出產葡萄酒，如加利福尼亞（後文簡稱加州）、俄勒岡、華盛頓、紐約以及中南部，但是，超過90%的葡萄酒出產於加州。

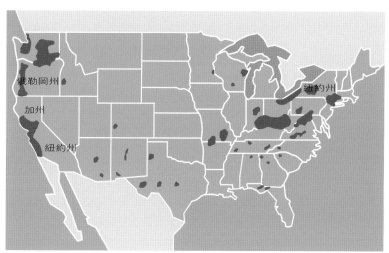

▲ 美國葡萄酒產區示意圖

美國名莊和名酒：

酒莊名	Stag's Leap	Chateau Montelena	Grace Family Vineyard	Harlan Estate	Diamond Creek	Robert Mondavi
酒莊中文名（作者譯）	鹿躍園	蒙特雷娜園	葛里斯家族	賀蘭園	黛夢溪園	羅伯特蒙大衛
標誌						

加州

加州大部分葡萄酒是新世界葡萄酒，其釀酒傳統要追溯到17世紀末，西班牙傳教士把墨西哥的釀酒工藝帶到了加州。250年傳統釀酒工藝和經驗，現代不斷創新和改進，輔以理想的種植釀酒葡萄的氣候，這一切造就了加州地區的獨特葡萄酒產區。加州葡萄酒的國際需求量繼續飆升。在近20年時間裏，加州的出口值從1985年的0.35億美元增長到2004年的最高紀錄8.08億美元。平均每年增長近20%。現在，加州葡萄酒總產量的18%的出口到125個國家。加州葡萄酒的10個最主要出口國是：英國、加拿大、德國、日本、荷蘭、瑞士、愛爾蘭、墨西哥、丹麥和比利時。

① 自然條件

加州的天氣變化多端。儘管加州以日照時間長而聞名，有金色之都美稱，但在不同區域的氣溫、降雨量、土壤和其他自然條件有很大的不同。加州獨特的氣候是由從南向北延伸的兩座山脈形成。沿海的山脈是由太平洋邊緣高低起伏的山脈組成，這些山脈相對比較矮，很少有超過海拔1200米的山脈。第二個山脈是內華達山脈，它平行於海岸線，距海岸線大約160到200公里。在兩山脈之間的中央谷是加州許多釀酒葡萄的故鄉。

海岸山脈西邊的氣候受太平洋海洋氣候的影響。加州有近2000公里的太平洋海岸線。冬暖夏涼、每日和季節溫差較小、濕度相對較高是這個地區的典型特徵。海洋氣候移至內陸，海上氣候影響自然減少。種植區域逐漸由海洋性氣候變為大陸

性氣候，夏天炎熱，冬季寒冷，每日和季節性的溫差較大，並且濕度相對較低。大多數的葡萄種植區域位於兩種氣候環境的過渡地區，環境變化在兩種氣候的極端中間。這些區域有釀酒葡萄生長和葡萄酒釀造最理想的自然條件。夏天，當涼爽的海洋氣候和溫暖的內陸空氣接觸時，就產生了一連串助長各種釀酒葡萄繁殖的微氣候。由於長期的生長季節允許葡萄緩慢成熟，所釀成的葡萄酒果味濃郁，世界各地的葡萄酒迷已將其認定為加州葡萄酒的特殊風味。

② 主要葡萄酒品種

紅葡萄品種超過40種，以赤霞珠、美樂、西拉、黑皮諾以及曾芳德為典型代表；白釀酒葡萄品種超過26種，以霞多麗、威歐尼、長相思為代表。2004年加州葡萄園的種植面積已增長到20.8萬公頃。

加州可以分為五個大的葡萄酒區域：加州北部海岸線（舊金山以北）、加州中部海岸線（舊金山以南到聖達芭芭拉）、加州南部（文圖拉到聖地亞哥）、謝拉內華達區（謝拉內華達山西部）、中央谷（薩克拉曼多和貝克斯菲爾德）。

著名產區納帕谷（Napa County）位於舊金山東北方向1.5小時車程處。在印第安語中，「納帕」就是富饒的土地。1838年，早期的探險者如喬治勇（George Yount）在納帕種植了葡萄。1861年，查爾斯庫克（Charles Krug）被譽為第一個建立商業葡萄酒釀造廠的酒商。1966年，羅伯特蒙大衛（Robert Mondavi）酒莊的葡萄酒開始在納帕谷迅速繁榮。

— 專題 18 —
美國當地酒法

美國種植區（American Viticultural Areas（AVA）），是一種產地證明的葡萄酒法律體系，該法律體系最早創建於1978年，與歐洲葡萄酒法相比具有一定的靈活性。其中一些重要條款，包括：

● 產地標注

① 一個州或者縣的名字

如果酒標上標明一個州或者縣的名稱，釀製該葡萄酒的葡萄75%必須來自這個州或縣。加州為100%，得克薩斯州為85%。

② 一個美國種植區（AVA）的名稱

如果葡萄酒標籤上提及美國種植區，那麼葡萄酒中85%的釀酒葡萄必須來自這個區域。美國種植區是由美國政府規定的。一個美國種植區的成立不僅是對這個區域內葡萄酒的品質認可，而且是對本區域和其他的區域的不同之處的認可。一個美國種植區（如卡梅爾谷）在地理特徵方面和周圍其他區域有所區別，如氣候、土壤、海拔、物理特徵等。在美國的157個種植區中，加州就有94個。

● 年份

當酒標標明一個年份時，所指的葡萄酒不少於95%產自於標注年度。

● 品種

當酒標標明一個品種名稱時，所指的葡萄酒不少於75%為該品種釀造。俄勒岡州另有規定此條限量為90%（赤霞珠除外）。

▼ 美國葡萄園

— 專題 19 —

加州葡萄酒酒標

葡萄酒上的標籤可以是與葡萄酒相關的圖案，設計精美的酒標圖案同時也是吸引消費者購買的原因。葡萄酒標籤同時也提供很多信息，加州葡萄酒的標籤非常清楚，通俗易懂。

以下是你必須要知道的加州葡萄酒標籤信息。

名稱（name）

可以是酒莊或品牌的名稱。

葡萄酒品種（Wine varietal）

一個或更多的葡萄品種的名稱應是貼於標籤上的地區名稱，但用於命名的名稱至少有75%的量是由這種釀酒葡萄製作的，如「曾芳德/仙粉黛」，名稱有兩種或更多的釀酒葡萄，名稱應顯示每一種釀酒葡萄的百分比。

原產地名稱（appellation of origin）

原產地是指葡萄酒是產自哪個地區。

特殊的葡萄園（Specific Vineyard）

如果標籤上顯示是一個私人葡萄園的名字，那麼95%的釀酒葡萄必須產自於這個葡萄園。

年份（vintage）

這是葡萄採摘的年份。至少有95%的葡萄酒產自於該年份，並且標籤上必須注明產區名稱。

酒精含量（alcohol）

此含量百分比通常在12%~14%。

名稱和生產者地址（name and address of producer）

「Bottled by」，附上的名稱和地址是葡萄酒標籤強制執行的。以下內容也被強制加注於「裝瓶」。

「Produced by」或「made by」，意為指酒莊的名稱葡萄酒的發酵過程至少75%是在標明的地點完成。

「Blended by」，意為指定的酒莊在規定的地點把葡萄酒與其他葡萄酒混合在一起。

「Cellared by」、Vinted by」或Prepared by」，意為指定酒莊的窖藏地點。

如果一個葡萄栽培地區的所有葡萄和紅酒裝瓶企業都是為了生產紅酒，才允許加入「Estate bottled」組織。酒莊擁有或者控制這些葡萄園；葡萄酒必須連續生產，其過程沒有間隙為前提。

澳大利亞

澳大利亞的葡萄酒業素有銳意創新的傳統。從19世紀50年代中期澳大利亞率先使用新技術完整保留葡萄酒的香味，到90年代初期旋轉式發酵罐的開發和普遍運用，澳大利亞的釀酒師們在葡萄釀酒工藝的創新領域一向居世界領先地位。而葡萄園裏的創新做法，如夜晚採摘和節水滴灌設備的廣泛應用，使澳大利亞釀酒者能夠獲得品質更佳的葡萄原料。

澳大利亞是世界上最大的島嶼。國土面積780萬平方公里，但是，人口直到今天仍然不到2000萬。90%的澳大利亞人居住在沿海的城鎮中，是世界上人類最城郊化的群棲地之一，許多人以擁有獨門獨院、帶有庭院的住房為奮鬥目標，電視中及各類生活雜誌中有大量展示家庭園藝小竅門、家務指南以及房屋改造等內容。通常，澳大利亞的城市多是向外部延展，而

▲ 澳大利亞紅土地

不是在市內建造高樓大厦，因為所有的澳大利亞人都想擁有一塊後院的土地。

澳大利亞這個幅員遼闊的國家涵蓋了多種的地形：從塔斯馬尼亞高地涼爽的山麓小丘，到雨水充沛的維多利亞州和新南威爾士州，從具有溫和海洋性氣候的南澳

▲ 澳大利亞葡萄酒產區示意圖

澳大利亞葡萄酒發展歷程

18世紀末起，澳大利亞就開始出產葡萄酒，但澳大利亞葡萄酒在國際上引起消費者關注卻只是近20年的事。現在，澳大利亞葡萄酒在全球各地獲得廣泛認可，其口感醇厚，品質穩定，價格適中，一些品質優異的葡萄酒還在國際上屢屢得獎。

1788年，首批歐洲的移民在澳大利亞定居，他們船上帶來的貨物中就有葡萄藤。不久以後他們就開始了葡萄種植。葡萄園藝師詹姆士·布什比（James Busby）是一位對於澳大利亞葡萄業萌芽時期頗有影響的人士。

1831年，在法國葡萄酒界嶄露頭角的布什比花了三個月的時間周遊了法國和西班牙，並收集帶回了543條葡萄藤剪枝（其中362條存活下來）。他在悉尼的皇家植物園裏開發第一片葡萄來源地，並在維多利亞和南澳也同樣開發了葡萄來源地。今天廣受人們喜愛的每個品種，西拉、赤霞珠、雷司令和玫瑰香都起源於這些來源地。到了19世紀50年代，維多利亞州、新南威爾士州和南澳州都開發了大面積的葡萄園。

從19世紀50年代起，這個年輕國家的人口增加了兩倍，並形成了一個熱衷於用美酒配佳餚、富有的中產階級。從那時起，澳大利亞就開始有模有樣地生產和出口葡萄酒了。19世紀有一場葡萄根瘤蚜災害席捲歐洲，使許多古老的葡萄藤毀於一旦。而澳大利亞的大部分地區躲過了這一劫，從而使其保存了一些世界上最古老的葡萄藤。19世紀到20世紀，澳大利亞的葡萄酒業主要服務於穩定增長的國內需求，偶爾在出口市場上小試牛刀。從而湧現出許多品質上乘的紅、白葡萄酒，這種形勢促使澳大利亞葡萄酒業開始放眼外部市場。

澳大利亞早期出口的成功代表是霞多麗（Chardonnay），這種精心釀造、口感醇厚的白葡萄酒由於品質穩定、推銷有方而在英國大受歡迎。隨着霞多麗出口的成功，西拉（Shiraz）、赤霞珠（Cabernet Sauvignon）也因其濃郁的果香打開了出口銷路。到了90年代中期，諸如雷司令（Riesling）、長相思（Sauvignon Blanc）和賽美容（Semillon）開始流行，而近期則以灰皮諾（Pinot Gris）和維歐尼（Viognier）最為好賣。其他出名的澳大利亞紅酒，歌海娜（Grenache）、黑皮諾（Pinot Noir）和美樂（Merlot）也都創造了出口佳績。另外值得稱道的是澳大利亞的起泡酒，他們不拘一格，打破傳統，採用紅品種釀造色澤濃郁的紅起泡葡萄酒，這對於新生代的葡萄酒消費者具有極大的誘惑力。

如今，由於全球各地的消費者都樂於享用品質上乘、口味多樣的澳大利亞葡萄酒，統計數據最能說明澳大利亞葡萄酒業的巨大成功：1981年，澳大利亞葡萄酒的進口量還超過出口量。到了1992年，葡萄酒出口額已達2億澳元；到1999年則劇增到10億澳元；到了2006年，澳大利亞葡萄酒每年的出口總值高達28億澳元。英國、美國一直是澳大利亞葡萄酒重要的海外市場，現在，澳大利亞葡萄酒行銷100多個國家，是全球第四大葡萄酒出口國。

▲澳大利亞與葡萄

和西澳，到遍布熱帶雨林的昆士蘭。澳大利亞國土遼闊，地形多樣，全國範圍內有六十多個地區被正式確定為葡萄酒產區，能為消費者們提供各具地方特色、選擇多樣的各類葡萄佳釀。

　　釀酒師們充分利用這些地區的差異性，把優越的氣候、土壤條件、新興技術和創新的釀酒工藝巧妙結合起來，生產出一系列如其來源產地的地形一樣變化多樣的眾多葡萄美酒，恰如這個多姿多彩的國家。澳大利亞的葡萄酒既保留了其來源地的精華，又不斷地推陳出新，把活力熱情和萬千變化融為一體。

　　澳大利亞葡萄酒成功的另一個重要的因素是，澳大利亞葡萄酒更強調地區特色，因此其產品各具產地特色。

　　澳大利亞名莊和名酒有：

原名	中文名（作者譯）	標誌
Pefolds	奔富酒園	
Giaconda	吉宮園	
Yering Station	優伶園	
Yalumba	禦蘭堡	
Leeuwin Estate	露紋園	
Wynns	醖思園	

南澳州

南澳州橫貫澳大利亞大陸中部，出產全國超過一半的葡萄酒，而在南澳的巴羅薩谷（Barossa Valley）和阿德萊得山（Adelaide Hills），更是擁有澳大利亞最古老的葡萄藤。除了擁有世界上最古老的葡萄藤，這個州的地區自然條件多種多樣。巴羅薩山谷的氣候相對溫和，沿海的麥卡侖谷（McLaren Vale）、南福雷裏盧（Southern Fleurier）、金錢溪（Currency Creek）和位於福雷裏盧（Fleurier）的蘭好樂溪（Langhorne Creek）屬於海洋性氣候，阿德萊得山較為涼爽，而墨累河的河岸地區（Riverland）則比較炎熱。這個州的東南部包括石灰岩海岸地區（Limestone Coast）。此地的「紅土（terra rossa）」土壤覆蓋在石灰岩上，是出產庫納瓦拉（Coonawarra）紅葡萄酒自然條件保障。石灰岩海岸地區（Limestone Coast）也包括帕史維（Padthaway）、拉頓布裏（Wrattonbully）和本遜山地（Mount Benson），作為新興的產區，這裏的酒不僅受到與該地區同名的石灰岩土的影響，而且帶有臨近南部海洋上柔和的微風氣息。

維多利亞州

維多利亞州位於澳大利亞大陸的東南角，氣候溫和的墨累河岸（Murray River）地區和天鵝山（Swan Hill）都位於這個州的西北部。墨累河以東的路斯格蘭（Rutherglen）以出產獨特的玫瑰香強化酒而聞名，這種酒的原料經過漫長秋季的乾燥濃縮了糖分，帶有十分甘甜的果香。

總體而言，維多利亞州其他的葡萄酒產區比位於西部和北部的產區要涼爽。雅拉谷地區離墨爾本只有半小時的車程，出產細膩清雅的霞多麗和黑皮諾。阿爾派谷（Alpine Valleys）地區冷涼，擁有涼爽的夏季，葡萄生長期相對短，果實更能保持清新，得以產出芳香濃郁、口感層次多樣的葡萄酒。

西澳州

這是澳大利亞面積最大的州，縱橫整個大陸西部三分之一的土地。不過，葡萄產區卻幾乎完全集中在州的西南部臨近海岸的地區。包括靠近州府佩斯的天鵝地區，以及在更南面的皮爾（Peel）、吉奧格拉非（Geographe）、黑林谷（Blackwood Valley）、潘伯頓（Pemberton）、滿吉姆（Manjimup）、大南部地區（Great Southern）和瑪格利特河（Margaret River）。

20年前，瑪格利特河以河流入海口衝浪地帶而聞名。然而，企業家們克服了這個地區在地理上與外部隔絕的局限，開發了眾多的葡萄園和葡萄釀酒廠，使這裏不僅在本國為人所知，更揚名世界。這個地區以出產充滿活力的長相思、赤霞珠、曾芳德而聞名。這個產區雖然產量不到全國的5%，但銷售額卻佔全國葡萄酒的25%。

昆士蘭州

昆士蘭作為葡萄酒產區還不廣為人

知，因為人們認為這裏氣候太熱，難以產出上乘佳釀。不過，在內陸那些海拔較高的山區，那裏氣候涼爽，有肥沃的火山土。正如早期去格蘭納特貝爾(Granite Belt)的葡萄種植者們所猜想的，海拔700~1000米會產生顯著涼爽的效應，因此諸如赤霞珠、西拉、霞多麗和維歐尼這些品種得以在溫暖的春夏和相對涼爽的秋天生長，成為這一地區的特色。

新南威爾士州

新南威爾士州是歐洲殖民者落戶澳大利亞後建立的第一個州，隨後在這裏種下了第一棵葡萄藤。這個州坐落於大陸的東部沿岸，擁有一系列變化多樣的氣候條件，從悉尼南面肖海爾海岸(Shoalhaven Coast)地區的海洋性氣候，到大分水嶺頂端的高山氣候。大分水嶺的西側與毛蘭畢吉河(Murrumbidgee)和墨累河(Murray River)沿岸的內陸地區是氣候溫和的濱海沿岸地區(Riverina)、佩拉庫特(Perricoota)、天鵝山(Swan Hill)北部地區和墨累河岸地區(Murray Darling)。澳大利亞最廣為人知的葡萄產區獵人(Hunter)也位於新南威爾士州。

新南威爾士州的葡萄酒風味多種多樣。獵人谷出產世界一流品質的賽美容。這種酒隨著年份的增長而越發芬芳清雅。有些賽美容可以存放長達20年，透着層次多樣的果仁、蜂蜜、牛油和多士的香氣。霞多麗在新南威爾士州也非常流行。大部分的葡萄酒廠也生產西拉和赤霞珠。

澳大利亞首都行政區

堪培拉地區葡萄園很自然地被分為兩大類。第一類位於新南威爾士州與首都行政區交界的地帶，即城市的西北，從霍爾(Hall)鎮到莫如貝特門(Murrumbateman)的巴頓(Barton)公路沿線地帶。第二類是東北端沿邦戈爾山脊(Bungendore ridge)和喬治湖(Lake George)的西北沿岸。伊格·瑞克博士(Dr Edgar Riek)1971年在此地種下第一棵葡萄藤。堪培拉地區的地形富於變化，星羅棋佈的葡萄園坐落於起伏的山巒之間，映襯着遠處的雪山，構成了一幅美麗的畫面。

該地區在春天經常受到霜凍危害，在春夏乾旱頻繁發生，早晚溫差很大，收穫季節通常又很涼爽，因此，這裏是澳大利亞最具有大陸性氣候特徵的地區。由於這裏的極端氣候，要保持產量的穩定，灌溉水源非常重要。這裏種植有雷司令、霞多麗、西拉、赤霞珠，以及黑皮諾。

塔斯馬尼亞州

細長狹窄、風暴肆虐的巴斯海峽(Bass Strait)把塔斯馬尼亞和澳大利亞大陸分割開來。作為澳大利亞最南端的州，其氣候非常接近歐洲較為寒冷的地區。塔斯馬尼亞出產澳大利亞涼爽氣候條件下的一些一流的葡萄酒精品，這裏用一些經典葡萄品種，如霞多麗和黑皮諾等釀製的，帶有奶油質感的葡萄汽泡酒尤其出名。

智利

智利位於南美洲,擁有得天獨厚的自然條件,背靠安第斯山脈,面向南太平洋和南大西洋,與阿根廷、秘魯、玻利維亞接壤。南北延伸超過4000公里,東西寬度不超過480公里,國土總面積756950平方公里。智利出產的葡萄酒成本低、品質好,在世界葡萄酒市場大行其道。如果說及哪個國家出產的葡萄酒出口量佔總產量比例最大,那肯定是智利。

如同大多數「葡萄酒新興國家」一樣(如美國、澳大利亞、南非、阿根廷等),智利葡萄種植以及葡萄酒生產沒有像舊世界那樣有過於嚴格的法律體制,生產者擁有相對廣闊的空間。如可以進行人工灌漑,有的產區葡萄酒單產可達2萬升每公頃;另外,人們可以在這裏發現世界各地的種植與生產模式,還有來自法國、德國、西班牙、意大利、美國等世界各地的葡萄酒生產商。

①自然條件

智利北部有世界上最乾燥的沙漠,中部地區為地中海性氣候,南部冷涼潮濕。其擁有得天獨厚的種植葡萄的自然條件,病蟲害特別少,尤其是未發現在全球所有其他葡萄種植區(包括中國)都已發現的根瘤蚜(原因至今尚未明瞭)。因此,所有的葡萄都未嫁接。另一方面,葡萄栽培在這個國度歷史悠久,大面積的老葡萄園隨處可見。這些因素,造就了智利葡萄酒的高質量,在近幾年各種國際性葡萄酒評比中,智利葡萄酒大放異彩,獲得許許多多的獎牌,位居各國之首。

②主要葡萄品種

智利葡萄品種繁多,世界各地的品種在智利幾乎都能見到,有些品種甚至在原產地都難以見到,比如被稱為「丟失的波爾多」的佳美娜(Carmenère),原是法國波爾多產區法定可以栽培的六個紅葡萄酒品種之一,但現在已難得一見;再比如原產法國的紫北塞(Alicante Bouschet)等品種,在智利均可見到。但是,智利目前主栽品種並不是很多,紅葡萄酒品種的赤霞珠、巴依斯(Pais)、美樂三品種栽培面積佔紅葡萄酒品種栽培面積的81%;白葡萄品種中霞多麗、長相思、白玫瑰香三品種栽培面積佔白葡萄品種栽培面積的80%。

▲智利葡萄酒產區示意圖

卡薩布蘭卡谷
聖地亞哥
麥坡谷
阿
根
廷
曲黑羔谷
茂勒谷

— 專題 21 —

智利葡萄酒小史

　　智利葡萄栽培起始於1518年，當時的西班牙傳教士在聖地亞哥周邊種植葡萄，以提供教會做彌撒用葡萄酒。1830年在法國人克勞德蓋（Claude Gay）倡議下，智利政府設立了國家農業研究站，之後，引種了大量的法國、意大利葡萄品種，至1850年已有70多個葡萄品種。1851年，塞爾維特奧且嘎娃（Silvestre Ochagavia）引入優良的歐洲釀酒品種，如赤霞珠、黑皮諾、佳美娜、美樂、霞多麗、長相思、賽美容以及雷司令等，開創了智利葡萄釀酒的新篇章。1877年，由於歐洲受根瘤蚜危害而缺乏葡萄酒供應，智利開始出口葡萄酒到歐洲。

　　在二戰期間一直到20世紀80年代，由於繁重的苛稅，智利的葡萄酒產業的發展受到極大限制，尤其20世紀七八十年代年期間，由於政治的不穩定、葡萄酒的國內需求下降，導致大面積的葡萄園被砍。1980年，葡萄種植面積僅有10.6萬公頃，相當於1938年水平，而同期智利的人口卻增長了一倍。

　　20世紀90年代後，伴隨着政治的穩定、經濟的復蘇，智利的葡萄酒產業穩步發展。1990年至1993年期間，新增葡萄種植面積10000公頃，大量的現代釀酒技術與設備得以採用，許多歐洲、北美投資者進入智利葡萄酒產業。智利葡萄酒產業進入現代化階段。

　　現今，智利的葡萄種植面積高達11萬公頃（其中超過半數進行人工灌溉），習慣上劃分為北、中、南三個區，釀酒葡萄主要位於智利中央谷地——中央谷地又被劃分為五個地區：卡薩布蘭卡谷地（Casablanca Valley）、麥坡谷地（Maipo Valley）、哈拜勒谷地（Rapel Valley）、曲黑羔谷地（Curico Valley）以及茂勒谷地（Maule Valley）。智利全國葡萄酒產量達5.7億升，其中超過半數（3.1億升）出口，在全球葡萄酒出口國位居第五；鮮食葡萄種植面積約佔10%（主要位於北部溫暖地區），每年鮮食葡萄出口約700萬箱（每箱約8.5公斤）。

　　智利名莊和名酒：

原名	中文名（作者譯）	標誌
Concha y Toro（Almaviva）	乾露（活靈魂）	
Sena Wine	桑雅	
Casa Lapostolle	卡薩拉博斯特	

阿根廷

阿根廷，南美洲的一個重要國家，國土跨越南緯22°~55°，國土面積是法國四倍，近4千萬人口，是一個很獨特的國家，擁有大草場，畜牧業很發達，也是世界上優秀的生態國家之一。

①自然條件

阿根廷葡萄種植面積高達22萬公頃，主要集中在河谷以及安第斯山麓，因此葡萄園的海拔差異很大，從海拔300米到2400米，超出了通常認為適合種植葡萄的海拔900米高度。這裏有世界上海拔最高的葡萄園之一。另外阿根廷葡萄園的獨特之處在於，其適宜的天然條件，保證了葡萄健康生長——幾乎不用化學藥劑保護，葡萄也能健康生長；利用天然高山雪水人工灌溉，也可以藉以調整土壤肥力的發揮；水晶般清亮的天空，是葡萄成熟的另一保障條件，阿根廷葡萄種植區大都遠離城市、遠離了污染。因此，阿根廷的葡萄園通常被稱為「綠洲」，這些綠洲散佈在不同的地區。

阿根廷亦是全世界重要的濃縮葡萄汁生產國之一。這種濃縮葡萄汁透明無色，可用以增加葡萄酒的酒精濃度。受到歐洲移民的影響、絕大多數的歐洲葡萄品種在

▲ 阿根廷葡萄酒產區示意圖

阿根廷都不難發現，如赤霞珠、美樂以及最著名的馬爾貝克葡萄品種。馬爾貝克這個波爾多古老的法定品種在故土幾被冷落，但用馬爾貝克釀製的葡萄酒卻是阿根廷最富果香、最令人滿意的葡萄酒。在白葡萄酒中，阿根廷的莎當妮品質優良，濃

▼ 阿根廷葡萄園風光

情乾白葡萄酒也芳香無比。

阿根廷主要產區為：門多薩省(Mendoza)、聖胡安省(San Juan)、拉裏奧哈省(La Rioja)、裏奧內格羅省(Ro Negro)、薩爾塔省(Salta)。

②主要葡萄品種

阿根廷釀酒葡萄品種主要包括：紅葡萄品種：馬爾貝克、赤霞珠，美樂、西拉、黑皮諾、當帕尼羅、桑嬌維塞、博納大(Bob-arda)；白葡萄品種：特隆帝(Torrontes)、霞多麗、白詩南、長相思、賽美容、雷司令、威歐尼、瓊瑤漿。

16世紀早期，天主教牧師在教堂的周圍種植葡萄、釀造葡萄酒，揭開了阿根廷釀造葡萄酒的歷史。19世紀，歐洲移民帶來了先進的葡萄品種以及種植、釀酒技術，他們發現，安第斯山腳以及科羅拉多河流域是種植優質釀酒葡萄的產區，在當時鐵路修建等條件的促進下，葡萄酒產業在阿根廷逐步形成並獲得擴展。

新西蘭

新西蘭位於南半球，由南到北緯度相距約有6°，對照北半球相同的位置，大約等於巴黎到非洲北部——北半球的這個區域涵蓋了歐洲最富盛名的幾處葡萄產區：布根地、隆河、波爾多、奇揚第。按理說新西蘭應是南半球最適合種植釀酒葡萄的國家，可是事實上由於海島性多雨氣候，使得新西蘭溫度較低，因而與北半球歐洲的大陸性氣候有著極大的差異。新西蘭距離澳大利亞約有一千六百多公里，全島綠草如茵，主要以畜牧業為主，近三十年間葡萄種植逐漸發展成為重要農業之一。

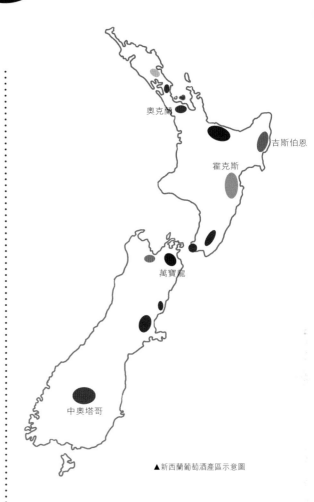

▲新西蘭葡萄酒產區示意圖

①自然條件

新西蘭分為南島與北島兩大島嶼，南島寒冷，北島較為炎熱，溫差在春夏季則約有10度以上，兩島葡萄採收期大約從每年的2月一直延續到6月才能全部完成。過度充沛的雨水是葡萄生長期最常遇到的主要問題之一，雨水稀釋葡萄內含糖分，多少影響到葡萄含糖量與成熟度。

重要的產區有霍克斯灣(Hawkes)、奧克蘭(Auckland)、吉斯伯恩(Gisborne)、萬寶龍(Marlborough)四大產區。雖然新西蘭出產的紅葡萄酒品質不差，但白葡萄酒還是佔了全國產量的90%，在南島萬寶龍區

出產的長相思葡萄酒更以香味豐富濃郁、雅致清新聞名世界，當然價格也是不菲。

②主要葡萄品種

新西蘭最有名的白葡萄是其獨特風格的長相思酒，特別是南島北端的萬寶龍出產的這種葡萄酒，在世界上享有盛譽。許多其他白葡萄品種也在新西蘭長勢良好，如霞多麗和雷司令、瓊瑤漿、灰皮諾和米勒等果香濃郁的品種。

新西蘭最著名的紅葡萄品種是黑皮諾，尤以產自馬丁堡（Martinborough）、霍克斯灣（Hawkes Bay）和中奧塔哥（Central Otago）的品質為佳。這些地區富含石灰岩成分的土壤和涼爽、乾燥、漫長的生長季節是多種布根地紅葡萄的理想種植地。而在較為溫暖的北島地區，尤其是霍克斯灣（Hawkes Bay），波爾多品種的紅葡萄如赤霞珠、美樂和品麗珠都可釀造出一流的葡萄酒。

南非

南非目前是世界上著名的葡萄產區之一，儘管它所產的葡萄酒產量僅佔世界總產量的3%，但卻獲得極高的國際聲望。主要葡萄酒生產區分佈在開普地區，開普地區處於非洲頂端地帶，它具有典型的地中海氣候。

①自然條件

在南非，葡萄栽培主要集中在南緯34°的地中海式氣候區域，該區域內西部氣候涼爽，有着理想的大規模種植優良葡萄品種的條件，形成了從海邊向內陸近50公里沿海的葡萄種植和釀酒區域。

南非擁有世界上最美麗的葡萄酒產區。葡萄園主要集中在開普山脈山谷兩側和山麓的丘陵地區，使得葡萄種植能夠獲益於多山地形和不同地質條件所帶來的多樣的區域性氣候。

高低不平的地勢以及山谷坡地的多樣性，再加上兩大洋交匯，尤其是大西洋上來自南極洲水域寒冷的班格拉洋流向北流經西海岸，減緩了夏季的暑熱。白天有海上吹來涼風習習，晚間則有富含濕氣的微風和霧氣。適度的光照也發揮了很大作用。這樣，地形差異和區域性氣候條件創造了葡萄品種和品質的多樣性。

開普葡萄酒產區這片古老的土地，由於地形及土壤的差異而各不相同。在沿

皮諾塔基葡萄

▼ 南非葡萄園

▼ 南非葡萄酒產區示意圖

海地區，多是砂質岩和被侵蝕的花崗岩，在地勢較低處則被葉岩層層包圍。相反，靠內陸的區域則以葉岩母質土和河流沉積土為主。南非物種豐富，開普植物王國是世界上六個植物王國中面積最小，但是最豐富的一個。它孕育着超乎尋常的多種生物，潛在地賦予了這裏所產葡萄酒的獨特韻味。

②**主要葡萄品種**

南非釀酒葡萄品種主要是歐洲經典品種，比如：赤霞珠、品麗珠、西拉、黑皮諾、美樂、皮諾塔基（Pinotage）、霞多麗、白詩南、雷司令。

皮諾塔基是南非葡萄酒標誌性品種，1925年採用黑皮諾與神索（Cinsaut，在南非常稱為Hermitage）雜交，所以得名「Pinotage」。它兼容了黑皮諾豐富而細膩的果香和神索易栽培、高產量、抗病性好的特點，並在當地被廣泛推廣。Pinotage在新西蘭也有種植，但沒有南非泛。皮諾塔基異常新鮮濃郁的果香，而且毫不掩飾地表現奔放的香氣，口感柔和多汁，略微帶一點甜味，是十分討人喜歡的易飲葡萄酒。

1995年，南非成立皮諾塔基協會（Pinotage Association）並於1997年設立了Pinotage十大傑出葡萄酒大賽，對皮諾塔基葡萄酒的宣傳、推廣、普及以及品質的提高都起到了極大的作用。

加拿大

加拿大葡萄酒釀造業者在1988年制訂了VQA（Vintners Quality Alliance，優質葡萄酒釀造聯盟），將加拿大產區

分成以下四區：安大略省、不列顛哥倫比亞省、魁北克省與新斯科舍省，用來保障葡萄原產地葡萄酒地名的使用方式，明確地規範出以上四區的地理範圍。

以緯度來說，加拿大葡萄酒產區與意

▲ 冰葡萄

▲ 加拿大葡萄酒產區示意圖

尼亞加拉

大利托斯卡納，或法國普羅旺斯接近。由於受到北極氣候影響，加拿大屬於嚴寒的葡萄酒產區，影響到葡萄的生長，但是這樣酷寒的氣候，卻也為加拿大的釀酒業帶來一項新的契機。在德國、奧地利等地，要生產冰酒必須等到秋末寒冬，因此無法每年都生產冰酒。而在加拿大得天獨厚的低溫下，冰酒反而可以年年生產，品質也較其他地區為佳。

加拿大被公認為世界上最主要的、品質最佳的冰酒生產國。傳統種植以原生耐寒冷的歐美雜交種為主，例如紅葡萄品種黑巴可(Black Baco)與馬雷夏爾·弗什(Marechal-Foch)；以及白葡萄白賽瓦(Seyval Blanc)與維代爾(Vidal)，近年來加國當地酒農逐漸開始種植歐洲種葡萄。

以品質來說，霞多麗與雷司令的表現相當不錯，黑皮諾與赤霞珠、品麗珠等紅酒則酒性較為清淡，飲之令人有品飲德國紅酒般清淡卻果香濃郁的感受。

目前加拿大4個重要產區中以安大略省最為重要，產量約佔全國生產量75%，而符合加拿大葡萄酒品質同盟會VQA標準的產區，只有安大略省和英屬哥倫比亞省。

安大略產區

安大略(Ontario)冰酒之所以身價高貴，還跟它屢次在各種國際大賽中贏得最高獎項有極大關係。從雲嶺廠1989年生產的維代爾冰酒，在1991年波爾多國際葡萄酒博覽會贏得最高大獎起，安大略冰酒就成就了她酒中極品的美名，各國的收藏家也對她競相追逐。

加拿大安大略省的尼亞加拉(Niagara)

半島是冰酒的最佳產地之一。尼亞拉加湖邊小鎮的葡萄美酒更是甜美香醇。不過，現在僅安大略就有超過45家的葡萄酒廠生產冰酒，1999年的冰酒產量就超過30萬升，現在當然更多了。安大略省的葡萄酒產量佔了全加拿大葡萄酒的80%。

魁北克省產區

魁北克省(Quebec，簡稱魁省)佔加拿大國土總面積的五分之一。加拿大的魁北克地區具有氣候寒冷，且持續時間長的特點，具備了生產冰酒的自然條件。魁北克就有一個專門從事冰酒工藝研究的單位，對冰酒的生產和飲用不斷地提出新的實驗依據和探討。

新斯科舍省

新斯科舍省(Nova Scotia)是加拿大大西洋四省之一，是加拿大著名的蘋果產區之一。沿海盛產大龍蝦、鱈魚和扇貝類海鮮，是加拿大最大的漁業基地之一。新斯科舍省內拜爾河邊(Bear River)與比弗河邊(Beaver River)以及溫莎(windsor)是葡萄種植與生產的地點，西西波(Sissiboo)河邊也開始種植一些年幼的葡萄樹。

不列顛哥倫比亞

不列顛哥倫比亞(British Columbia，簡稱BC省)位處加國西岸，是加拿大第三大省。卑詩省的歐肯那根(Okanagan Valley)是加拿大葡萄酒的主要產區之一。

加拿大除了生產普通冰酒外，加拿大還生產少量起泡冰酒、紅冰酒等特殊冰酒品種。

▲ 中國原產刺葡萄

中國

經過幾個輪回的曲折發展，目前中國釀酒葡萄種植面積約5.7萬公頃，其中達到結果樹齡葡萄園約3.7萬公頃，新定植釀酒葡萄0.2萬公頃，形成了環渤海灣地區、環渤海灣內陸區、西北黃土高原區、新疆產區、東北產區、西南產區、黃河故道區以及零星分佈的其他出產葡萄酒產區。

各個產區自然氣候以及土壤、地貌不同，因而具備從釀酒葡萄品種、種植方式到所釀造之酒的風格各具特色的條件。東部產區企業在技術、品牌、管理方面具有優勢；西部產區具有土地資源以及光熱資源優勢，有着很好的發展前景。

環渤海灣沿海區

主要包括山東半島、河北秦皇島地區、天津地區。該產區釀酒葡萄種植歷史悠久，集中了中國葡萄酒生產骨幹企業，按照行政區劃，包括以下小產區：

① 山東半島地區

山東半島葡萄酒產區主要包括蓬萊大部分，平度以及萊州、龍口、招遠等地部分地區。

蓬萊市境內多丘陵，地勢南高北低，葡萄園分佈於丘陵緩坡，海拔15~25米，棕壤、褐土、潮土和風砂土為主。該地區需要人工輔助灌溉，灌溉方式主要為漫灌，不需埋土防寒。

已經結果的種植面積達0.33萬公頃，另有0.53萬公頃尚未結果的新定植葡萄園，其中為赤霞珠（超過50%），蛇龍珠（30%），另有霞多麗、西拉、煙73、煙74以及其他品種。

煙台是中國近代葡萄酒工業的發祥地。早在1892年張弼士先生就在此創建了張裕葡萄酒公司，開始生產葡萄酒。近幾年煙臺威龍葡萄酒股份有限公司、華東葡萄釀酒有限公司、煙臺中糧葡萄釀酒有限公司、青島富獅王葡萄釀酒有限公司等企業也迅速發展起來，使山東半島成為中國最大的葡萄酒產區，產量佔全國的40%以上。

② 河北秦皇島地區

秦皇島地區釀酒葡萄種植主要集中於昌黎以及盧龍縣。

昌黎縣地勢由西北最高峰碣石山仙台頂向東南傾斜，地貌有山地丘陵、山麓平原、濱海平原。約2/3的釀酒葡萄種植於

山地丘陵地帶，葡萄園海拔 50~350 米，以褐土和棕壤土為主；大約 1/3 分佈於山麓平原，海拔 50 米以下的潮土；僅有少量（不足 14 公頃）分佈於濱海平原。需要人工輔助灌溉，灌溉方式主要為漫灌。屬於埋土防寒區，埋土厚度 50 厘米。

本地區釀酒葡萄種植面積達 0.33 萬公頃，其中大部分已經結果。超過 70% 的種植面積為赤霞珠，其餘為霞多麗、玫瑰香、美樂等品種，幾乎全部採用自根苗。

該地區有葡萄釀酒企業 45 家，葡萄總加工能力 16 萬噸，灌裝能力 16 萬噸，從業人數千餘人。有「中糧華夏長城」、「地王」、「朗格斯」、「茅臺」、「越千年」等品牌。

盧龍縣屬低山丘陵區地勢，北高南低，北部多低山，中部多丘陵，南部大部分是盆地，為燕山沉降帶，母岩主要是花崗岩、片麻岩、石灰岩、砂礫岩等，其形成的土壤多為礫質或砂質褐色壤土。葡萄園主要集中於丘陵地帶，海拔 22~626 米。需要人工輔助灌溉，灌溉方式主要為漫灌。屬於埋土防寒區，埋土厚度 50 厘米。

現有釀酒葡萄面積 0.23 萬公頃，超過 90% 的種植面積為赤霞珠，另種植有少量品麗珠、蛇龍珠以及煙 73。

該地區的主要企業有香格里拉、柳河山莊、紅堡等。

③ 天津地區

天津地區葡萄酒生產主要集中在薊縣以及漢沽區。

薊縣位於天津北部，與河北、北京接壤，釀酒葡萄種植集中在北部的緩坡丘陵地帶，屬於半山區地貌，海拔 200~300 米不等，土壤主要以淋溶褐土為主。屬於埋土防寒區，埋土厚度不少於 20 厘米。

釀酒葡萄種植結果的面積達 0.08 萬公頃，主要品種包括赤霞株、梅鹿輒、品麗珠、煙 73、貴人香、白玉霓，其中赤霞珠種植面積高達 60%，其次是貴人香。

漢沽區屬於濱海平原地區，該地區海拔 1~1.5 米，土壤以鹽化潮濕土為主，屬於埋土防寒區，埋土厚度不少於 20 厘米。

該地區葡萄種植結果的面積達 0.22 萬公頃，少量未結果葡萄園，主要品種是玫瑰香（該品種既可釀酒也可鮮食）。

該地區主要葡萄酒企業包括中法合營王朝葡萄釀酒有限公司，年生產規模達 6 萬噸，主要出產「王朝牌」系列產品，另外該地區規模企業還有天津孟莊園葡萄釀酒有限公司的「華夢」系列葡萄酒。

該地區釀酒葡萄種植面積基本穩定，企業在行業內的優勢地位突出，產品的地域特點顯著，尤其是王朝出產的玫瑰香半乾白風格獨特。

環渤海灣內陸區

這個地區主要包括山西、河北懷來、涿鹿以及北京地區。

① 山西晉中太原盆地

年降雨量 400~500 毫米，屬於涼溫區，年積溫 3000~3300℃，無霜期 165 天，深厚的黃土（雨季黃土泥濘，下地操作困難），需要埋土防寒。該地區代表企業有怡園酒莊。

② 河北省懷來縣

河北省懷來縣是中國傳統的葡萄種植區。這裏晝夜溫差大，夏季涼爽，氣候乾燥，雨量偏少，光照充足。

該地區為丘陵山地，海拔500米左右，土壤為沙褐土，礫石較多，通透性好。需要埋土防寒，埋土厚度30~40厘米。需要人工輔助灌溉，灌溉方式主要是漫灌。目前釀酒葡萄種植面積達0.54萬公頃，其中結果面積0.4萬公頃，主要品種有：赤霞珠、梅鹿輒、蛇龍珠、西拉、霞多麗、雷司令、白玉霓以及兼用品種龍眼。

該地區毗鄰北京，形成了以長城葡萄酒公司為龍頭的二十幾個企業。長城葡萄酒公司利用當地龍眼品種釀造龍眼乾白，開創了中國釀造乾型葡萄酒的先河。

③ 北京地區

北京作為中國葡萄酒傳統生產地區，一直佔據有重要地位，目前葡萄酒生產主要集中於南部大興（產量正在逐漸減少），西南部的房山，東北部的密雲以及西北部的延慶，擁有龍徽、豐收、波龍堡以及新近建成的張裕愛菲堡等企業。

西北黃土高原區

主要包括寧夏、內蒙古烏海地區、陝西渭北地區以及甘肅河西地區。

① 寧夏地區

寧夏釀酒葡萄主要集中於賀蘭山東麓的永寧、青銅峽、紅寺堡轄區內以及農墾系統。該地區海拔為1100米，紅寺堡略高（1300米），土壤主要為風沙土、風沙灰鈣土以及灰鈣土，土壤貧瘠，透水性強。需要人工輔助灌溉，採用漫灌方式。屬於嚴格埋土防寒區，埋土厚度不少於40厘米。

目前釀酒葡萄種植面積達0.73萬公頃，以紅品種為主，主要紅品種有赤霞珠、梅鹿輒、蛇龍珠，品種混雜嚴重；白品種主要有霞多麗、貴人香。

該地區目前主要以原酒形式供應國內市場，也形成了賀蘭山、西夏王、禦馬、科冕等當地品牌，近幾年國內葡萄酒大賽中，加貝蘭、賀蘭山美域、銀色高低地以及聖路易丁等多次獲得大獎，並吸引了張裕、中糧、王朝等強勢品牌進駐建設或者合作建設基地。

該地區的田間管理技術過於粗放，由於土質沙性強，冬季凍害，早春倒春寒的問題應該引起充分重視。

② 甘肅地區

甘肅產區位於河西走廊地區，包括武威、民勤、張掖等位於騰格裏大沙漠邊

▲ 新疆庫爾勒美景

▲ 新疆吐魯番壁畫描繪了古人種植葡萄和釀酒

緣的縣市，是中國絲綢之路上新興的一個葡萄酒產區，這裏氣候乾旱少雨，熱量適中，土壤不太肥沃，適宜釀酒葡萄的種植。

武威地處河西走廊東端，葡萄種植區分佈在民勤縣、武威市和古浪縣北部的沙漠沿線區。近年來梅鹿輒、黑皮諾、霞多麗等名種已大面積推廣。

該地區形成了莫高、祁連山等品牌，並吸引威龍入駐。該地區是一個優勢的白葡萄酒以及早熟紅葡萄酒產區。

③ 內蒙古地區

內蒙古河套平原烏海市周邊也是中國葡萄傳統種植區，該地區光照充足，溫差大，氣候乾燥，又有河水灌溉，近幾年釀酒葡萄發展很快；而陝西渭北高原地區，由於

冬季不需要埋土，或者簡易埋土即可越冬，也獲得許多廠家的關注，最近幾年有張裕等品牌在當地建設釀酒葡萄原料基地。

新疆產區

主要包括南疆焉耆盆地、北疆天山北麓、東疆吐魯番哈密地區以及伊犁地區。

瑪納斯、昌吉、石河子地處天山北麓，平均海拔500~600米，主要為灰漠土、灌淤土，而阜康海拔略高，為600~800米。

瑪納斯縣釀酒葡萄接近0.4萬公頃，主要是紅色品種，包括赤霞珠（60%），美樂、西拉以及佳美，白品種包括霞多麗、白詩南以及貴人香。昌吉釀酒葡萄種植0.25萬公頃，其中包括赤霞珠（60%）、美

▼ 雲南德欽茨中教堂邊的葡萄園

樂以及霞多麗、白皮諾等。阜康釀酒葡萄種植0.18萬公頃，主要是赤霞珠（90%）、美樂以及雷司令。石河子釀酒葡萄0.08萬公頃，主要品種包括赤霞珠、美樂、佳美以及霞多麗。

　　新疆南疆地區釀酒葡萄種植主要集中於焉耆盆地的焉耆回族自治縣與和碩縣境內。焉耆回族自治縣平均海拔1100米，種植葡萄的土地主要是山前洪積砂礫土，年降雨量極低，需要人工灌溉，通常採用膜下滴灌，是嚴格埋土防寒區，埋土厚度30~40厘米。釀酒葡萄種植面積0.53萬公頃，其中結果面積0.15萬公頃，種植的主要品種有赤霞珠、梅鹿輒以及霞多麗、貴人香。

▲ 雲南高原葡萄園

　　和碩縣位於焉耆盆地北坡，種植葡萄土地平均海拔1082米，主要是山前洪積砂礫棕漠土，年降雨量極低，需要人工灌溉，灌溉方式主要是膜下滴灌，是嚴格的埋土防寒區，埋土厚度30~40厘米。目前種植釀酒葡萄0.28萬公頃，其中0.08萬公頃

▼ 雲南德欽高原葡萄園

已經結果，另有0.2萬公頃新定植葡萄園，主要品種有赤霞珠、梅鹿輒以及雷司令。

霍爾果斯位於伊犁河谷地帶，種植葡萄的土地平均海拔700~800米，土壤以荒漠砂礫、沙壤土為主。目前釀酒葡萄種植面積達0.08萬公頃，主要品種是赤霞珠、美樂、佳美以及霞多麗。

該地區主要作為中信國安葡萄酒公司（原新天葡萄酒公司）的原料基地。

哈密、吐魯番作為中國傳統的葡萄乾產區，近年來也開始嘗試釀酒葡萄種植，當地土質屬於灰棕色荒漠土，哈密海拔2000米左右，而吐魯番則擁有中國大陸海拔最低的地區——艾丁湖。該地區氣候炎熱，降雨稀少，極其乾旱，葡萄糖分積累容易，但是往往需要很好把握採收，控制含酸量。是潛在的甜葡萄酒產區。

東北產區

主要包括吉林通化地區以及遼寧、黑龍江部分地區。

該地區夏季涼爽，冬季嚴寒，生長期短，通常利用當地原產的山葡萄進行釀酒，也是中國獨特的酒種之一。形成了以吉林通化地區為中心的山葡萄酒產區。當地代表品牌有「通化」以及「長白山」。

西南產區

主要包括雲南彌勒縣以及滇西北德欽縣以及川西岷江、大渡河上游乾熱河谷區。儘管這裏緯度較低，不在傳統的釀酒葡萄產區緯度帶，但是，由於特殊的高海拔地形，使當地擁有一些獨特的小氣候產區，形成了雲南彌勒縣、德欽縣、四川小

金縣等產區，在當地有兩大主要品牌——「雲南紅」、「香格里拉」。

黃河故道區

主要包括河南的蘭考、民權，安徽

的蕭縣以及蘇北的連雲港、宿遷等部分地區。這裏氣候偏熱，無霜期長，土壤為沙土。年降雨量偏高，並集中在夏季。屬於暖溫帶半濕潤氣候，是歐美雜種及部分歐亞種品種的適宜栽培區，冬季無需埋土防寒。釀酒葡萄面積0.27萬公頃，主要品種有赤霞珠等。

本區葡萄成熟期雨水較多，葡萄旺長，病害嚴重，影響品質。

▼ 吉林通化集安萬畝葡萄基地園

後 記

　　自識字時起，一直懼怕作文，總以為，寫字，乃文人之事，神聖而高尚，因此即使記不住晦澀的古文，被老師懲戒一下手心，也覺得心安理得。後來又進入一所農業大學求學，意想不到的是講授《園藝概論》的老師以《詩經》開篇，被其淵博的知識深深打動——原來，農學也可以有文化的。

　　畢業後投身於葡萄領域謀生，有意無意地走進了葡萄酒田，當面對加州葡萄園美麗秋景，立志要走遍世界各地的葡萄園。回頭看來，有生之年應當可以實現此願。後來赴法學習葡萄栽培與釀酒，學成回國後，適逢中國葡萄酒消費的第二次浪潮，消費者亟待瞭解葡萄酒這個神秘的事物，經常被抓住詢問，甚至給一些媒體朋友幫點小忙，在朋友們的慫恿、鼓勵與誘惑之下，全然忘了對文字的恐懼之心，還自我安慰：我是在介紹葡萄酒，不是寫字。仔細算來，自打寫第一篇葡萄酒的文字至今，已有十年。

　　2011年，又逢自己顧問釀造的「加貝蘭」獲得倫敦世界葡萄酒大賽國際金獎，自信心又膨脹了一點，在編輯的鼓勵與指導下，終於完成了這本《首席釀酒師探秘葡萄酒》。書中記錄了自己——作為一個中國人所認識的葡萄酒，由於對文字把握能力較差，又尚未能走遍葡萄酒世界，再加上書稿多是在夜深人靜之時完成，如果看到書中哪個部分有夢遊的感覺，請不要奇怪。

　　感謝法國香檳協會（CIVC）王蔚，她幫我翻譯了丁洛特先生的法文序言並提供了一些圖片；感謝侍酒師尼古拉和攝影師金海為本書專門拍攝的侍酒環節圖片；感謝成書過程中曾經給予幫助的所有朋友；也感謝所有讀到此書的朋友，尤其是願意為我指出書中有待提高之處的朋友。

　　我將加倍努力，釀造更好的美酒回報您們。

2012年2月16日　午夜